水科学博士文库

AI Optimization Method and Application of
Water Temperature Regulation in Large Reservoirs

大型水库水温调控的
AI 优化方法与应用

张迪　王东胜　彭期冬　林俊强 等　著

中国水利水电出版社
www.waterpub.com.cn
·北京·

内 容 提 要

本书针对分层取水设施实际运行管理缺乏科学指导工具的技术瓶颈问题，以近年来信息及数据处理技术的迅速发展为契机，结合传统数值仿真模型和AI算法的优势，探索构建了水库下泄水温预测模型，开展了分层取水设施运行效果评估及优化研究。本书介绍了大型水库分层取水设施建设与运行情况，阐述了大型水库水温调控设施运行的AI优化理论与方法，并以锦屏一级水电站为例，论述了该方法在实际指导分层取水设施运行管理中的有效性。

本书可供从事水工程管理、水生态环保等工作的科技工作者参考，也可供相关专业的高校师生参考。

图书在版编目（CIP）数据

大型水库水温调控的AI优化方法与应用 / 张迪等著
. -- 北京 ：中国水利水电出版社，2022.9
（水科学博士文库）
ISBN 978-7-5226-0907-2

Ⅰ．①大… Ⅱ．①张… Ⅲ．①水库－水温－调控－研究 Ⅳ．①TV697.2

中国版本图书馆CIP数据核字 (2022) 第141173号

书　　名	水科学博士文库 **大型水库水温调控的 AI 优化方法与应用** DAXING SHUIKU SHUIWEN TIAOKONG DE AI YOUHUA FANGFA YU YINGYONG	
作　　者	张迪　王东胜　彭期冬　林俊强　等著	
出版发行	中国水利水电出版社 （北京市海淀区玉渊潭南路 1 号 D 座　100038） 网址：www.waterpub.com.cn E - mail：sales@mwr.gov.cn 电话：(010) 68545888（营销中心）	
经　　售	北京科水图书销售有限公司 电话：(010) 68545874、63202643 全国各地新华书店和相关出版物销售网点	
排　　版	中国水利水电出版社微机排版中心	
印　　刷	北京印匠彩色印刷有限公司	
规　　格	170mm×240mm　16 开本　13.25 印张　191 千字	
版　　次	2022 年 9 月第 1 版　2022 年 9 月第 1 次印刷	
印　　数	001—600 册	
定　　价	**80.00 元**	

前言

QIANYAN

　　我国依托强大的基建能力和西南地区的地形优势，建造了一批世界级的高坝大库，为国家社会经济发展提供了可持续的绿色动力。这些高坝大库在充分利用水能优势实现发电效益、促进节能减排的同时，也引发了一系列的生态环境问题，其中高坝大库低温水下泄对鱼类生存繁殖等产生的不利生态影响受到广泛关注。分层取水作为减缓低温水对生态环境的负面影响的重要工程措施，其运行效果是目前的研究热点。

　　分层取水设施的运行效果与水文、气象和调度方式等因素密切相关。在现实条件下，来水情况一直处于变动状态中，根据来水情况及时快速预报水体温度，并实施分层取水，是工程运行关注的技术问题，也是学术界关注的科学问题。传统基于物理意义的数学模型在水库水温结构分析、特定工况下水温的预测和环境影响评价中得到广泛的应用。但在水库实际运行调度中，数学模型构建专业性强、参数率定复杂、计算耗时巨大，难以满足来水条件复杂情况下水库调度的快速决策需求。我国已建大型水电站的分层取水设施大多处于试运行和调试阶段，实际监测的数据量有限，其运行效果的评价方法尚未成体系。近年来，信息及数据处理技术发展迅速并在工程领域中得到广泛应用，为解决多因素影响问题提供了技术方法与途径。

　　本书紧紧围绕分层取水设施实际运行管理缺乏科学指导工具的技术瓶颈问题，介绍了大型水库分层取水设施建设与运行情况，阐述了大型水库水温调控设施运行的 AI 优化理论与方法，并以锦屏一级水电站为例，论述了该方法在实际指导分层取水设施运行管理中的有效性。本书共 7 章：第 1 章绪论；第 2 章 AI 水库下泄水温预测模型框架设计，从水库水温结构的物理成因出发，介绍 AI 水库水温预测模型的框架设计、AI 算法的原理和相关计算程序的开发；第 3 章 AI 模型训练数据集构建，提出了以实测数据结合数值仿真模型 EFDC 生成 AI 模型训练数据集的研究思路；第 4 章 AI 水库水温预测模型应用，从预测精度、计算速度和预见期三个方面，论述了 AI 水库水温预测模型在指导分层取水设施实际运行中的适宜性。第 5 章为水库分层取水设施运行效果评价体系，介绍了基于层次分析的分层取水设施运行效果评价方法，提出了一套针对大型水库分层取水设施运行方案的效果评价与优化提升的关键技术；第 6 章为水库分层取水设施运行方案优化，以锦屏一级水电站为案例，介绍了分层取水设施运行方案的优化设计流程；第 7 章为结论与展望。

本书主要由中国水利水电科学研究院、国家水电可持续发展研究中心张迪博士和水电水利规划设计总院王东胜教授级高级工程师等编写。全书共 7 章，第 1 章由张迪、王东胜撰写；第 2 章由张迪、王东胜撰写；第 3 章由张迪、王东胜、彭期冬撰写；第 4 章由张迪、彭期冬、林俊强撰写；第 5 章由张迪、彭期冬、林俊强、靳甜甜撰写；第 6 章由张迪、彭期冬、林俊强、靳甜甜撰写；第 7 章由张迪、王东胜撰写。全书由张迪、王东胜统稿。

本书的撰写和出版得到了国家重点研发计划课题"可持续水电设计与运行（2018YFE0196000）和国家自然科学基金基础科学中心项目"数字经济时代的资源环境管理理论与应用"（72088101）的资助。

本书研究内容涉及水力学、水环境学、水生态学、水文学等诸多学科，所针对的问题是相关领域的前沿热点问题。由于很多问题尚在探索阶段，书中一些观点、研究成果可能存在不成熟之处，敬请同行专家和广大读者批评指正。希望本书能推动我国水电开发中生态保护，尤其是分层取水理论与技术水平的发展，对我国水电绿色高质量发展有所贡献。

作者

2022 年 2 月

目录
MULU

前言

第1章 绪 论 ································· 1

1.1 研究背景及意义 ···················· 1

1.2 国内外研究现状 ···················· 4

1.2.1 水温影响减缓措施 ············· 4

1.2.2 分层取水设施的建设运行情况 ········ 6

1.2.3 分层取水设施运行管理方法研究 ······ 7

1.2.4 分层取水设施运行管理存在问题 ······ 10

1.3 AI水温优化调控理论框架 ·········· 11

1.4 研究内容与创新点 ··············· 12

1.4.1 研究内容 ··················· 12

1.4.2 创新点 ···················· 12

第2章 AI水库下泄水温预测模型框架设计 ······ 14

2.1 AI水温预测概念模型 ·············· 14

2.2 AI算法原理 ···················· 17

2.2.1 SVR算法介绍 ··············· 17

2.2.2 BP算法介绍 ··············· 19

2.2.3 RNN及其衍生算法介绍 ········· 21

2.3 基于Python语言的AI水温预测程序 ····· 24

2.3.1 数据前处理模块 ·············· 24

2.3.2 AI水温预测模块 ·············· 25

2.3.3 数据后处理模块 ·············· 27

2.3.4 其他功能模块 ··············· 27

2.4 本章小结 ····················· 28

第 3 章　AI 模型训练数据集构建 ·················· 29

　3.1　AI 模型训练数据集形成的总体思路 ·················· 29

　3.2　EFDC 模型简介 ·················· 32

　　3.2.1　EFDC 模型概述 ·················· 32

　　3.2.2　EFDC 主控方程 ·················· 32

　3.3　锦屏一级水电站概况 ·················· 34

　　3.3.1　水电站基本信息 ·················· 34

　　3.3.2　分层取水设施运行规程 ·················· 35

　3.4　EFDC 模型构建 ·················· 36

　　3.4.1　数据资料 ·················· 37

　　3.4.2　参数敏感性分析及设定方案 ·················· 42

　3.5　EFDC 模型验证 ·················· 47

　　3.5.1　实测水温与模拟水温对比 ·················· 47

　　3.5.2　水温时空分布规律 ·················· 47

　3.6　AI 模型的水温数据集形成 ·················· 55

　3.7　本章小结 ·················· 66

第 4 章　AI 水库水温预测模型应用 ·················· 68

　4.1　基于 AI 算法的水库下泄水温模型构建 ·················· 68

　　4.1.1　模型数据基础 ·················· 68

　　4.1.2　模型精度评价指标选取 ·················· 68

　　4.1.3　输入因子的二次筛选 ·················· 69

　　4.1.4　SVR 模型参数优选 ·················· 79

　　4.1.5　神经网络模型主要参数优选 ·················· 81

　4.2　AI 算法在不同叠梁门调度方式下的适用性研究 ·················· 92

　　4.2.1　模拟水温预测结果分析 ·················· 92

　　4.2.2　实测水温预测结果分析 ·················· 132

　4.3　本章小结 ·················· 139

第 5 章　水库分层取水设施运行效果评价体系 ·················· 141

　5.1　评价指标体系框架结构搭建 ·················· 141

　　5.1.1　评价指标遴选 ·················· 141

　　　5.1.2　指标体系层次结构 ••••••••••••••••••••••••••••••••••• 142

　　5.2　各评价指标计算方法及评分标准 ••••••••••••••••••••••• 143

　　　5.2.1　各评价指标计算方法 •••••••••••••••••••••••••••••••• 143

　　　5.2.2　各评价指标评分标准 •••••••••••••••••••••••••••••••• 145

　　5.3　各评价指标权重确定 ••••••••••••••••••••••••••••••••••••• 146

　　　5.3.1　指标权重确定方法 •••••••••••••••••••••••••••••••••• 146

　　　5.3.2　评价指标赋权 •• 148

　　5.4　综合评价 •• 150

　　5.5　本章小结 •• 150

第6章　水库分层取水设施运行方案优化 ••••••••••••••••••••• 152

　　6.1　分层取水设施运行方案设计 ••••••••••••••••••••••••••••• 152

　　6.2　不同运行方案分层取水效果评价 ••••••••••••••••••••••• 154

　　　6.2.1　分层取水设施运行对下泄水温的提高度 ••••••••••• 154

　　　6.2.2　下泄水温与历史同期水温的接近度 •••••••••••••••• 158

　　　6.2.3　长丝裂腹鱼对下泄水温的适宜度 ••••••••••••••••••• 163

　　　6.2.4　短须裂腹鱼对下泄水温的适宜度 ••••••••••••••••••• 167

　　　6.2.5　细鳞裂腹鱼对下泄水温的适宜度 ••••••••••••••••••• 171

　　　6.2.6　鲈鲤对下泄水温的适宜度 •••••••••••••••••••••••••• 175

　　　6.2.7　综合评价 •• 178

　　6.3　分层取水设施运行效果与发电效益权衡 ••••••••••••••• 182

　　6.4　分层设施运行优化方案推荐 ••••••••••••••••••••••••••••• 184

　　　6.4.1　丰水年分层取水设施运行方案优化建议 ••••••••••• 184

　　　6.4.2　平水年分层取水设施运行方案优化建议 ••••••••••• 184

　　　6.4.3　枯水年分层取水设施运行方案优化建议 ••••••••••• 185

　　6.5　本章小结 •• 186

第7章　结论与展望 •• 187

　　7.1　主要结论 •• 187

　　7.2　研究展望 •• 188

参考文献 •• 190

第1章 绪　　论

改革开放以来，我国的水利水电事业得到了巨大的发展，水电的开发规模和技术水平已居世界前列，发挥了巨大的兴利效益。与此同时，水电工程对河流生态环境产生的负面影响也广受关注，高坝大库水温分层现象和低温水对生态环境的影响是其中的一个重要方面。围绕水库水温问题，我国在科研、生产中开展了大量的工作。本章在充分调研相关文献资料的基础上，分析了水库水温问题的成因及其对环境生态的主要影响，梳理了目前水库水温影响的主要减缓措施，从传统数学方法和新兴人工智能技术两个方面总结了目前水库水温模拟研究的主要技术手段。在此基础上，提出了目前水库水温研究中存在的不足之处，重点梳理了分层取水设施运行及效果评价中亟待解决的问题，从而提出本书的研究内容并设计了研究技术路线。

1.1　研究背景及意义

我国西南地区河流众多、水能资源丰富，加之青藏高原隆起的影响，造就了区域内"山高谷深"的地貌特征，也为水能资源的开发利用提供了机遇和挑战。21世纪以来，我国经济社会迅速发展，对能源的需求量急剧上升，水能资源作为重要的清洁能源，是能源领域的重点研究对象和开发利用目标，目前已跃居我国第二大能源资源。依托西南地区的地形优势，一批世界级的高坝大库在我国的大江大河上涌现，为国家社会经济发展提供持续性的绿色动力。据刘六宴和温丽萍[1]统计，我国已建和在建的坝高超过100m的水库190余座，坝高超过200m的水库20余座。坐落于雅砻江上的锦屏一级水电站坝高305m，是目前世界第一高坝。然而，这些高坝大库在充分利用水头优势实现发电效益、促进节能减排的同时，也引发了一系列的生态环境问题。水温分层和低温水下泄问题是由高坝大库本身引发的突出环境问题之一，容易造成对鱼类生存繁殖等的不利生态影响[2-5]。

高坝大库建成蓄水后，坝上河道水位抬升形成水库，改变了原始河流水体的水动力和热动力特征，造成库区水体水温态势的改变，在垂向上形成温度梯度。水温作为重要的水环境和水生态参数，不仅影响水体的物理化学特性和生化反应速率，而且关系到水生生物的生长繁殖和水生态系统的结构[6-7]。

为减缓水库建成后水温变化对下游生态环境的影响，需要采取相应的改善措施，分层取水是减缓水温分层不利生态环境影响的重要工程措施[3,8-12]。2000年以来，我国有近20座大型水电工程采取分层取水措施，以减缓高坝大库下泄低温水对水生生物和农作物的不利影响。"十二五"以来，生态环境部在已批复的水电站建设项目中，对具有水温影响的大型季调节电站提出了分层取水的要求，代表性工程有锦屏一级、两河口、溪洛渡、乌东德、白鹤滩、光照、糯扎渡、黄登、双江口等。目前这些工程主要依托分层取水措施开展水库生态调度，通过改变取水口位置和水库的径流过程，改变大坝下游水体的水动力和热动力特性，调节下泄水体的温度，从而减缓水电工程的不利生态环境影响。

经过20多年的建设，西南地区一些水电站的环境保护设施逐步投入使用，分层取水设施的运行调度及其效果提升是工程运行中需要面对的问题，也成为目前研究的重点。

在工程设计阶段，应用物理模型和二维、三维数值模拟模型对典型工况情景下水库水温结构、取水口的选择进行了深入研究。但在现实情况下，分层取水设施的调度需要根据来水状况来制定调度方案，天然来水过程复杂多变，而河流水温又是受诸多因素影响的复杂性问题，尤其是有了人类的作用以后，自然因素与人为因素相互掺杂，让人很难从水温变化机理的角度，厘清各种因素的交织作用。传统基于物理意义的数学模型，其构建专业性强、参数率定复杂、计算耗时巨大，难以满足实际运行来水条件复杂情况下水库调度的快速决策需求，仅根据项目环境影响评价或设计阶段确定的典型工况进行调度，难以取得分层取水应有的效果，因此，如何根据实际来水开展水电站分层取水设施运行调度，是水电站运行面临的实际问题，也是减缓低温水生态影响的重要技术问题。

近年来，数据的爆炸式增长给前沿科学项目带来了巨大机遇和挑战，也标志着"大数据"时代的到来，加之信息与网络技术的迅猛发展，人类迎来了科学研究的第四范式，即数据密集型科学发现[13-14]。数据不再仅仅是科研结果的表征，而逐渐成为科学研究的对象及基础，利用合适的分析手段及技术，从大量的、多源的数据集合中获取信息，日渐成为当前科学研究的重中之重[15]。与此同时，以深度学习、数据挖掘为基础的新型数据分析技术，为解决复杂性的科学问题和社会问题提供了新的思路。这类数据驱动类模型善于透过数据发现多种变量之间的内在联系，因此能够解决多种复杂影响因素及其不确定性共同作用下的非线性模拟和预测问题，目前已被成功推广到了水库管理领域[16-18]，人工智能（Artificial Intelligence，AI）技术可充分挖掘海量的水文监测、电站运行调度、气象数据及水库水温监测数据之间的潜在关系，为开展水库分层取水运行调度的研究提供重要工具。

分层取水设施运行效果如何评价是另一个亟待解决的问题。分层取水的根本目的在于减缓低温水对鱼类繁殖或农作物冷害影响，针对生态保护目标，在适当的时间开展合理科学的调度运行，才能达到预期的效果。我国已建大型水电站的分层取水设施大多处于试运行和调试阶段，有关分层取水设施运行效果评价方法体系的研究尚罕见报道，建立分层取水设施运行效果评价体系对于开展运行调度方案的制订和运行效果的评价有着重要的意义，可为水电站运行的环境管理提供支持。

综上所述，经过20余年的水利水电工程建设，分层取水已成为减缓低温水下泄的重要手段[19]，而分层取水设施的有效运行是未来必须解决好的技术问题。本书拟以 AI 技术为支持,充分挖掘海量的水文监测数据、气象数据、电站运行调度数据,结合水库水温监测数据,开展水库分层取水设施运行调度的研究,构建 AI 水温快速预测模型;同时构建分层取水设施运行效果评估体系,设计不同分层取水方案。在此基础上,结合 AI 模型的预测结果,评估在不同设计方案下分层取水设施的运行效果,提出优化运行方案,指导分层取水设施的运行管理。通过研究,力图为分层取水设施运行方案优化设计、效果评价、水库优化运行等提供技术支持。

1.2　国内外研究现状

1.2.1　水温影响减缓措施

河流筑坝蓄水成库后,水动力和热动力条件随之改变,库区水体在垂向上形成水温分层结构,导致下游河道水温有别于天然河流水体。具体表现为坝下河段水温在时空上的错位效应,即春季的低温水下泄和秋季的高温水下泄。低温水和高温水均容易导致鱼类繁殖期的推迟和幼鱼生长期的缩短,进而影响鱼类生长发育等过程[20-22]。同时水温条件的改变也容易对浮游生物和底栖生物等水生生物和灌区农作物造成不利影响[23-25]。

为减缓下泄水温的不利影响,国内外 20 世纪中期就开始探索采取水温影响减缓措施。根据国内外研究和实践经验,水库水温影响减缓措施可以分为设置取水口分层取水、设置水温控制幕、破坏取水口附近水温分层、设置消能池等[26]。

1.2.1.1　设置取水口分层取水

20 世纪 40—50 年代,美国和日本关注到水库下泄低温水引发的对农作物生长"冷害"问题等不利影响,开始分层取水研究[27]。我国分层取水设施的研究最早始于新中国成立初期,在小型水库的修建中,采用简易的木塞或混凝土孔盖的斜卧管分级孔口取水[28]。20 世纪 70—80 年代,水库下泄低温水对下游灌区带来的不利影响引起重视，为满足灌溉要求，设计并修建了分层取水设施[29]。

分层取水设施的类型众多，按不同的特性可分为不同类型[30]。本书结合实际工程应用情况，将分层取水装置归纳为溢流式取水建筑物、孔口式取水建筑物、铰链式取水装置和虹吸式取水装置。

（1）溢流式取水建筑物一般由挡水门、过水通道和取水管道组成[30]。挡水门一般采用门叶分节的方式，可根据库水位的变化调节挡水门的总高，实施溢流取水。叠梁门分层取水是溢流式取水装置最常见的结构形式。叠梁门分层取水可以结合水库水位变化和水温要求，通过增加或吊起相应层数叠梁门的方式调节取水高度，尽量引取水库表层水体，提高下泄水温。叠梁门分层取水被认为是削减水温分层对生态环境不利影响的有效措施，也是目前实际应用较为广泛的水温管理措施[31-33]。

（2）孔口式取水建筑物是在垂向不同标高处设置多个孔口，每个孔口由闸门控制，不同高程的孔口通过竖井或斜井连通，运行时，根据水库水温分布情况及下游水温需求，启闭不同标高处的孔口闸门，达到引取目标水温水体的目的[33]。

（3）铰链式取水装置由浮子和铰连接管臂组成，浮子浮于水面，并提供浮力作为取水管的支撑力，以水的压力作为动力，根据库水位自动调节管壁状态，引水从水面流入管臂，可连续地取得表层水。此装置结构简单、造价低廉，主要应用于以灌溉为主要任务的中小型水库[34-35]。

（4）虹吸式取水装置由虹吸取水管、排气管和真空泵等组成，其原理是利用虹吸作用引取库区表层水体，再经由输水管道，从水面以上穿过坝体输送至下游。该装置结构简单，主要应用于以灌溉为主要任务的小型水库[36-37]。

1.2.1.2　设置水温控制幕

20世纪90年代，国外提出了采取在水库坝前加装水温控制幕的方式调节下泄水温[38]。控制幕取水装置为悬挂式幕帘结构，控制幕由天然橡胶制成，具有柔性，经浮筒悬挂于表层，由浮筒的浮力带动控制幕做竖直方向的移动，此装置多用于坝前水深较浅的小型水库。在水温控制幕的基础上，针对深水大库，则提出了一项新颖的改善下泄低温水的取水技术——隔水幕墙。隔水幕墙的原理与水温控制幕相同，由固定装置、浮力系统和墙体结构组成，墙体底端由锚固定，顶端通过浮力系统支撑。隔水幕墙不必依托于大坝，可布设在距坝前一定距离的位置，用以阻隔跃温层和滞温层的低温水体流向取水口，达到引取表层高温水体的目的[26,38]。

1.2.1.3　破坏取水口附近水温分层

破坏取水口附近水温分层的原理是于坝前的一定距离内，借助外力搅动或底层输气等方式，增强库区上下层水体间的对流作用，促进热量交换，从而使库区垂向水温均匀化，打破水温分层结构。爱尔兰的 Inniscarra 水库利用 6 台气压水枪扰动坝前水体，有效破坏了坝前的水温分层结构，达到了减缓低温水下泄的目的[6]。孙昕等[39-40]研究发现扬水曝气系统是破坏水库水温分层的有效手段，并以西安金盆水库为例，采用数值模拟方法计算了水库不同季节应用该系统破坏分层所需的最小能量和系统的能量效率。

1.2.1.4　设置消能池

消能池是设置在泄水建筑物下游的结构简单的浅层水池，用来减缓水库下泄高速水流对下游河床的冲刷。消能池可以延迟下泄水的释放，从而使下泄水与大气在更长的时间内进行热交换。消能池的体积越大，水体在池内的滞留时间越长；池的面积越大，水体与大气的热交换速率越高，越可能达到热平衡，提高下泄水温度，减缓冷水污染。但同时消力池面积越大，蒸发损失越高，越容易发生渗流（向地下水），因此，在消力池设计时，可综合权衡考虑热交换和水分散失[41]。

1.2.2　分层取水设施的建设运行情况

叠梁门分层取水是目前我国大中型水电工程中应用较为广泛的水温管理措施，代表性工程有滩坑、光照、锦屏一级、糯扎渡、溪洛渡、双江口、白鹤滩、两河口、乌东德等水电站（表 1.1）。

表 1.1　　国内部分大型水电工程分层取水设施建设情况[42-45]

序号	水电站名称	建设状态	引用流量/(m³/s)	水位变幅/m	分 层 取 水 方 式	叠梁门顶控制水深/m
1	滩坑	已建	3×213	40	八层叠梁门，底坎高程95m	10~15
2	光照	已建	4×217	54	六孔叠梁门，底坎高程670m	>15
3	锦屏一级	已建	6×377	80	三层叠梁门，底坎高程1779m	>21
4	糯扎渡	已建	9×393	47	四层叠梁门，底坎高程736m	>29
5	溪洛渡	已建	18×424	60	四层叠梁门，底坎高程518m	>20
6	双江口	在建	4×273	80	叠梁门、岸塔式	>17
7	白鹤滩	在建	16×460	60	六层叠梁门	>25
8	两河口	在建	6×249	80	叠梁门、岸塔式	>20
9	乌东德	在建	6×691	30	叠梁门、岸塔式	—

　　虽然叠梁门分层取水设施在工程实践中得到了广泛应用，但大型深水水库由于分层取水的叠梁门门叶众多，每叶叠梁门可重达十几吨，启闭工程难度大，完成一次水温调控调度需要几天，甚至十几天，因此目前大多处于试运行和调试阶段。叠梁门启用层数较少，大多只启用了1~2层，未能按照设计推荐方案运行。鉴于叠梁门分层取水设施在我国应用的普遍性，本书有关分层取水的研究重点针对叠梁门分层取水展开，后文中提及的分层取水设施若无特殊标注，也均指叠梁门分层取水。

1.2.3　分层取水设施运行管理方法研究

　　分层取水设施运行管理方法的研究正处于发展阶段，目前主要是基于原型观测和数值模拟来优化管理分层取水设施的运行。近年来，随着计算机技术的发展，探索 AI 算法在水库水温预测领域应用的研究逐渐增多，为研究分层取水效果提供了新的技术手段。

1.2.3.1　基于数值模拟的分层取水设施运行管理研究

　　在实测资料缺乏的情况下，数值模拟技术可以利用有限的数据资料，通过假定典型工况等方法模拟库区水温结构变化、预测出流水温，是目前分层取水效果研究的最主要技术手段。尤其是在工程设计阶段或环评过程中，多利用数值模拟技术模拟水库建成后的水温分布，提出分层取水设施设计方案及典型工况下的运行建议。然而，在工程运行阶段，水库来水过程复杂多变，并非典型工况可以代表，利用设计阶段提出的取水方案，难以达到理想效果；而且数学模型的构建过程复杂、专业性强、计算耗时大，难以快速应对复杂多变的来水条件，因此在运行期结合水电站运行情况，应用数值模拟技术实际指导分层取水运行调度的研究尚罕见报道。

水温模拟模型的研究经历了垂向一维、立面二维、三维的发展历程。

（1）垂向一维水温模拟模型的研究始于 20 世纪 60 年代的美国，其中最为著名的是 WRE 模型[46]和 MIT 模型[47]，之后的许多模型多是由这两个模型演化而来。20 世纪 80 年代开始，我国也开始陆续开始了水温模拟方面的研究，中国水利水电科学研究院冷却水研究所基于 WITFMP 水温模拟模型开发的"湖温一号"模型，可用于模拟和预测湖库一维垂向水温分布情况[48]。一维模型重点关注于水温在垂向上的变化发展规律[49-50]，忽略了流速、热量在纵向上的输移，因而不适合用于纵向变化较大的狭长形水库。

（2）立面二维模型简化了宽度方向上的物理变量，重点关注纵向和垂向上的物理变化过程，因此对于狭长形水库的水温模拟尤为适用，也是目前分层取水设施运行效果研究中最常用的数值模型。CE-QUAL-W2 是现今发展较为成熟的立面二维水动力学和水质模型，在国内外均有广泛的应用[51]。20 世纪 90 年代以来，我国也陆续开展了二维水温模型的研究与应用，如陈小红等[52]引入 $k-\varepsilon$ 模式建立了综合考虑水动力与水温水质分布相互影响的立面二维紊流模型。

（3）三维水温模型能够综合考虑温度的垂向、横向、纵向变化，耦合求解流场的速度场，可有效应对复杂的库区地形边界。国外三维水温模型方面的研究成果丰硕，尤其是美国，开发了EFDC[53-54]、FLUENT[55]、WASP[56-57]、FLOW-3D[58]、POM[59]

等多项可用于三维水温模拟的商业软件；此外，丹麦的 MIKE3[60-61]，荷兰的 Delft3d[62] 等软件也被广泛地应用于湖库三维水温模拟。我国的水温三维数值模拟在进入 21 世纪后也有了长足的发展，在分层取水效果研究中的应用日渐增多，如郑铁刚等[63] 基于 Fluent 软件包进行二次开发，建立了全三维水动力-水温耦合数学模型。然而，国内目前尚罕有成熟的水温模拟相关商业模型软件。

1.2.3.2 基于人工智能算法的分层取水运行管理研究

AI 算法因善于解决多复杂影响因素及其不确定性共同作用下的非线性问题而备受关注，应用 AI 算法实现水温结构判别、下泄水温预测是水温预测领域的新方向，主要应用方式有以下几种。

（1）用于水温分层模式的判别。AI 算法的优点在于其可以避开研究水温分层影响因素与分层模式之间的内在机理及显示表达，直接通过收集水温分层影响因素与分层模式的样本数据，建立二者之间的映射关系，进而实现对水温分层模式的准确判别。如郄志红和王育新[64] 收集了国内 30 余座水库的特征信息及水温分层特性数据（水温结构涵盖分层型、过渡型和混合型），建立了基于误差反向传播神经网络（BP）的水温分层模式判别模型，实现了对水温分层模型的准确判定。

（2）用于库表水温的预测。在该项应用中，研究人员通常将 AI 算法和传统经验公式法相结合，利用 AI 算法建立水温影响因素与库表水温之间的映射关系，实现对库表水温的精准预测，同时利用经验公式预测库底水温，进而实现对季调节以上大型水库水温结构的精确刻画。如李兰等[65] 构建了基于 "ANN-统计方法-朱伯芳法-东勘院法" 的联合水温预测综合经验模型，并用于预测长江上游梯级开发对河段内水温时空分布规律的影响，以及对规划河段末端水温的累积影响。代荣霞等[66] 构建了基于 "ANN-统计方法-朱伯芳法" 的水库垂向分层综合计算模型，以 ANN 预测库表水温，以统计方法估算库底水温参数，进而以朱伯芳法估算了库区垂向水温分布情况。

（3）用于水库下游水温的预测。柳海涛等[67] 以大量实测数据为 ANN 的模型训练样本，构建了针对丰满水电站下游鱼类产卵场的水温预报模型，实现了对丰满电站下游松花江水文站水温变化过程的预测。但该模型是以丰满下游 20km 处吉林水文站的水温预测下游 180km 处松花江站的水温，实际上是对河道内水温演变关系及映射机制的探究。而水库中的水温变化过程远比河道复杂，水体进入库区之后，需经过一系列复杂的热交换、热传递过程，而后经水库的调蓄作用，下泄至下游河道，因此影响下泄水温的因素繁多，背后的机理复杂。如何利用 AI 模型建立水库来流、运行方式、气象条件等影响因子与下泄水温之间的响应关系，进而实现下泄水温的预测，对于指导水库水温调控具有重要的实际意义，也是目前研究的重点和难点问题。面对此类涉及因素繁杂的非线性问题，AI 算法的训练需要大量数据支撑，而现阶段的水温监测数据量有限或难成体系，且获取途径较少，这些问题都阻碍了研究的进一步推进。

1.2.4 分层取水设施运行管理存在问题

通过对国内外分层取水设施运行管理研究现状的梳理发现，目前分层取水设施的运行多基于电站设计阶段或环评阶段所提出的分层取水设施运行方案结合水位条件来开展调度工作。滩坑水电站 2010—2011 年叠梁门运行状态下的实测尾水水温数据显示，与单层进水口时的模拟下泄水温相比，在升温期，叠梁门的运行使下泄水温平均提高了 5.7℃，说明叠梁门对下泄水温有一定的改善效果[43]；糯扎渡水电站 2015 年、2016 年 4—8 月的实测下泄水温数据显示，在启用一层叠梁门和启用两层叠梁门的两种方案下，下泄水温均能达到下游水温目标需求，因此电站设计推荐的三层叠梁门运行方案可能过于保守[44]；陈栋为等[45]以光照水电站 2014 年 3—5 月叠梁门运行工况下的实测水温数据为基础，评价了分层取水设施的运行效果，结果显示：叠梁门运行后，下泄水温提高了 0.7~3.4℃，且随着库表水温的上升，叠梁门的运行效果逐渐明显。

上述研究结果表明，设计阶段提出的分层取水方案未能考虑实时来水条件、水温条件、气象条件等因素，因此其运行调度效果与设计预期存在偏差，还有较大的可优化空间。而数值模拟模型具有建模专业性强、参数率定复杂、计算耗时长，响应速度慢等劣势，因此其虽然能够支撑下泄低温水环境影响评价、建设期电站取水方案设计以及可行性论证等工作，但难以直接应用于动态气象、水文、水动力条件下分层取水设施的实时调度管理。

1.3 AI 水温优化调控理论框架

本书针对分层取水设施运行管理缺乏科学指导工具的瓶颈问题，借助 AI 算法对物理机理要求低、训练过程简单、响应速度快等优势，提出了一套"方案设计—水温预测—效果评估—方案优化"的分层取水设施运行方案优化设计流程，具体如下：①根据水位要求和水库功能目标，设计分层取水设施运行方案；②利用基于 AI 算法的水库水温快速预测模型，预测不同取水方案下的水库下泄水温；③将预测结果代入分层取水设施运行效果评估体系，对不同取水方案的运行效果进行评估打分；④根据评分结果并考虑不同方案下的发电损失量，提出生态效益最优的分层取水设施运行方案和综合考量生态和发电效益的推荐运行方案。方案优化设计流程如图 1.1 所示。

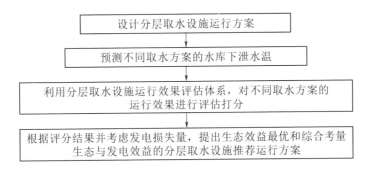

图 1.1 分层取水设施运行方案优化设计流程

1.4　研究内容与创新点

1.4.1　研究内容

本书紧紧围绕分层取水设施实际运行管理缺乏科学指导工具的技术瓶颈问题，提出了一套基于 AI 的大型水库水温优化调控方法体系，阐述了大型水库水温调控设施运行的 AI 优化理论与方法，继而以锦屏一级水电站为案例，论述了该方法在实际指导分层取水设施运行管理中的有效性。

第 1 章绪论，综述了现阶段常用的水温影响减缓措施，梳理了分层取水设施的建设、运行情况及主要指导工具，提出了运行管理中存在的主要问题和本书的研究框架。

第 2 章 AI 水库下泄水温预测模型框架设计，从水库水温结构的物理成因出发，介绍 AI 水库水温预测模型的框架设计、AI 算法的原理和相关计算程序的开发。

第 3 章 AI 模型训练数据集构建，为满足 AI 模型对训练数据量的要求，提出了以实测数据结合数值仿真模型 EFDC 生成 AI 模型训练数据集的研究思路。

第 4 章 AI 水库水温预测模型应用，从预测精度、计算速度和预见期三个方面，论述了 AI 水库水温预测模型在指导分层取水设施实际运行中的适宜性。

第 5 章水库分层取水设施运行效果评价体系，介绍了基于层次分析的分层取水设施运行效果评价方法。

第 6 章水库分层取水设施运行方案优化，以锦屏一级水电站为案例，介绍了分层取水设施运行方案的优化设计流程。

第 7 章结论与展望。

1.4.2　创新点

（1）编制了 AI 水温预测模型计算程序，提出了利用 EFDC 模型生成 AI 模型训练数据集的研究思路，克服了实测数据量较少导致的 AI 模型难以训练的限制。

编制了基于 Python3.5 语言的 AI 水温预测模型计算程序，可实现 SVR、BP、RNN、LSTM、GRU 5 种算法。为满足 AI 模型训练对数据量的要求，克服收集到的实测数据较少的限制，提出了以 EFDC 生成 AI 训练数据集的研究思路：以 EFDC 模型为基础，模拟了锦屏一级水库在不同来流水温、水文年条件、气象条件、叠梁门运行方式等 108 种工况组合下，全年的水温分布结构和下泄水温日变化过程，形成了可供 AI 模型训练的数据集。

（2）构建了基于 AI 算法的水库下泄水温快速预测模型，实现了下泄水温的简单快速预测。

搭建了以水库主支库入流量、主支库入流水温、出库流量、叠梁门运行方式、取水口深度、气温、太阳辐照度、相对湿度、风速等作为模型的输入因子，以水库下泄水温作为输出的 AI 水温快速预测模型，从预测精度、不确定性、计算耗时和预见期等多角度筛选出了适用于水库下泄水温预测的 AI 模型——LSTM 和 GRU。训练完成后的 LSTM 和 GRU 模型操作使用方便，仅需输入当前时刻的各项输入因子，即可预测非叠梁门运行期 15d 以内的下泄水温和叠梁门运行期 7d 以内的下泄水温，模型的预测速度可达秒级响应，高于传统数值模拟模型。

（3）构建了分层取水设施运行效果评价指标体系，可实现不同取水方案下分层取水设施运行效果的综合评估。

针对当前分层取水设施运行效果评价指标单一的问题，基于层次分析法，构建了较为系统的分层取水设施效果评价指标体系，同时基于 AI 水温快速预测模型的预测结果，评价了不同取水方案下，分层取水设施的运行效果，从重点考虑生态效益、综合考量生态和发电效益两个角度，提出了针对分层取水设施的优化运行建议。

第2章　AI水库下泄水温预测模型框架设计

本章通过文献调研梳理了水库下泄水温的主要影响因素，搭建了 AI 水温预测概念模型；在详细介绍支持向量回归（SVR）、误差反向传播神经网络（BP）、循环神经网络（RNN）、长短期记忆网络（LSTM）和门控循环单元网络（GRU）5 种 AI 算法计算原理的基础上，利用 Python3.5 语言自主编制了相关计算程序。

2.1　AI 水温预测概念模型

本书选定的 AI 模型采用监督式学习方式建立输入因子与输出因子之间的映射关系，因而，从物理机理角度而言，输入因子与模型输出之间是否有较强的关联度，影响模型输出的因素是否全部被纳为输入因子，均会影响模型的预测性能。基于上述分析，本节在文献调研的基础上，梳理了影响水库下泄水温的主要因素，初步搭建了 AI 水温预测概念模型。

水电工程建成后，坝前水位抬升形成水库，库区水体滞留时间加长，水库入流及气象条件等携带外部热量输入库区水体，经由对流输运、紊流扩散和温度异重流等作用的重新分配，发展成不同的水温结构形式。对于狭长形深水库，横向上的水温差异较小；纵向上，水温存在沿程变化规律，一般而言，升温期自库尾至坝前垂向平均水温呈沿程递减趋势，降温期呈沿程递增趋势；垂向上，水温结构呈现出分层现象，库底水温常年较低，称为滞温层；库表水温受气象条件作用明显，称为表温层；处于二者之间水温变化较大的区域称为跃温层[9]。因而狭长形水库的水温分布一般重点关注纵向与垂向上的水温变化过程。

下泄水温是受水库水温结构分布和水库运行方式共同作用的结果。现阶段的研究表明，影响水库水温结构和下泄水温过程的因素众多主要有地理位置、气象条件、入流水温、径流特征、水库特征及运行方式等[9,66,68]。

地理位置决定水库所在地区的气候类型，主要通过影响水库外部热量输入的方式，影响水库水温结构的形成。在国内的水库垂向水温分布经验估算公式中，常将纬度作为推算库底水温的重要参数，如东勘院法[69]。

气象条件和入流水温是水库水体的主要外部热量来源，其中气象条件主要影响表层水温，水库表面接受气象条件输入的热量，并与大气进行热交换。水气热交换过程主要包括辐射、蒸发和热传导3 个部分。研究表明，影响水库水温的气象条件主要包括太阳辐射、气温、风速及风向、云层覆盖度、空气湿度等[66,68,70-72]。代荣霞等[66]以漫湾水库作为研究对象，探究了气象条件与库表水温之间的相关关系，结果显示，气温、云层覆盖度、湿度和热辐射与库表水温相关性显著，尤其是气温和湿度。

径流特征和水库特征主要通过影响水体的掺混程度，进而影响水库的内部热交换过程。径流条件主要包括水库出入径流量、径流量的季节变化和年际变化等；水库特性主要是指几何形状、库容等特性。薛联芳和颜剑波[9]通过分析我国不同流域和规模的20 余座水库实测水温资料，发现水库水温结构随径流特征和水库特性的不同存在较大差异。

水库的运行方式如运行水位、出库流量、出流方式、取水口位置等均会影响热量在水库内的再分配过程，因而与水库的水温结构密切相关[73-75]。

在明确水库下泄水温主要影响因素的基础上，本书梳理了可表征各影响因素的量化指标，并纳入 AI 模型输入因子备选集。水库地理位置和特征参数一般不会改变，地理位置的影响不是直接作用于下泄水温，而是通过流域气候类型、水文条件等对下泄水温产生影响，如果研究对象为不同地理位置的多个水库，需要考虑地理位置和特征参数的影响。因本书主要针对锦屏一级水电站这一特定对象展开，故无需考虑地理位置和特征参数的差异，除上述两个因素外，其余因素的量化指标均被纳入 AI 模型需重点考虑的备选输入因子，包括运行水位、出库流量、叠梁门运行层数、取水口水深、入库流量和水温、气温、太阳辐照度、风速、空气相对湿度等（表 2.1）。下泄水温是随时间变化的时序型变量，时间信息和历史下泄水温信息也可能对需预测时段的下泄水温产生影响，因此预测时段所处月份和历史下泄水温两个量化指标也被考虑作为 AI 模型的备选输入因子。AI 模型的输出因子为当前时刻下泄水温。

表 2.1　　　　　　　AI 模型备选输入因子和输出因子列表

项　目	因子类别	模型输入因子	单位
输入因子	时间信息	所处月份	
	历史下泄水温	历史下泄水温	℃
	径流信息	主库入库流量	m^3/s
		支库入库流量	m^3/s
		水库出库流量	m^3/s
	入流水温信息	主库入流水温	℃
		支库入流水温	℃
	气象信息	气温	℃
		太阳辐照度	W/m^2
		风速	m/s
		空气相对湿度	%
	水库运行方式	运行水位	m
		取水口水深	m
		叠梁门运行层数	
输出因子	下泄水温	当前时刻下泄水温	℃

注　表格中的输入因子为文献调研初步筛选结果，最终输入因子需根据 AI 模型的训练结果确定

综上所述，本书从影响下泄水温的物理机制出发，研究搭建了 AI 水温预测概念模型（见图 2.1）。拟定以影响下泄水温主要因素的量化指标作为模型输入因子，以下泄水温作为模型输出因子，探索

建立二者的映射关系，实现基于影响因子量化指标的下泄水温预测。

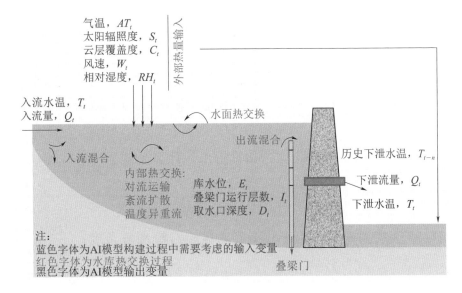

图 2.1 AI 水温预测概念模型示意图

2.2 AI 算法原理

本书选择了 5 种学界广泛认可且具有代表性的 AI 算法，即 SVR、BP、RNN、LSTM 和 GRU，用以构建水库下泄水温快速预测模型，并开展模型性能对比研究。从算法原理而言，上述 5 种算法可分为两类，SVR 属于机器学习算法，其余 4 种算法属于人工神经网络；从模型结构和训练方式上细分，4 种神经网络算法又可分为浅层神经网络和深度学习网络，BP 为浅层神经网络，RNN、LSTM 和 GRU 3 种循环神经网络模型分属深度学习网络。

2.2.1 SVR 算法介绍

支持向量回归（SVR）是一种基于结构风险最小化理论发展而来的机器学习算法，因具备良好的泛化能力和善于求取全局最优解而被广泛应用。SVR 主要用于实现回归预测。SVR 的核心思想在于映射初始样本至高维空间，进而在高维空间中实现回归求解。记给定初始数据集为 $\{(x_1,y_1),(x_2,y_2),\cdots,(x_i,y_i),\cdots,(x_n,y_n)\}$，SVR 旨在找到合适的映射函数 $f(x)$ 来描述特征值 x_i 与目标值 y_i 之间的关系：

$$f(x_i)=w\varphi(x_i)+b \tag{2.1}$$

式中：w 为系数向量；$\varphi(x_i)$ 为将输入数据映射到高维空间的转换函数；b 为偏差。

w 和 b 由最小化风险理论估算得出，计算公式如下：

$$R(w)=\frac{1}{2}\parallel w\parallel^2+C\sum_{i=1}^{n}L_\varepsilon(y_i,f(x_i)) \tag{2.2}$$

式中：C 为惩罚函数，用于权衡经验风险与模型复杂度；$\frac{1}{2}\parallel w\parallel^2$ 为正则项；$L_\varepsilon(y_i,f(x_i))$ 为 ε-不敏感损失函数项，计算公式如下：

$$L_\varepsilon(y_i,f(x_i))=\max\{0,|y_i-f(x_i)|-\varepsilon\} \tag{2.3}$$

式中：ε 表示误差许可阈值，当误差落在 ε-不敏感带范围内时，表示误差可忽略。

图 2.2 所示为 SVR 原理。

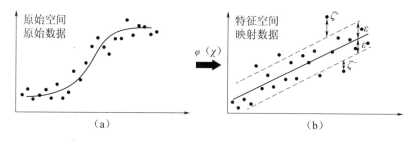

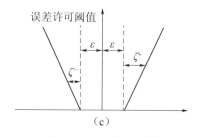

图 2.2　SVR 原理图

ζ^{+} 和 ζ^{-} 被引入以度量 ε -不敏感带外训练样本的偏离程度，处理优化问题：

$$\min f(w,\zeta^{-},\zeta^{+}) = \frac{1}{2} \parallel w \parallel^{2} + C \sum_{i=1}^{n}(\zeta^{-},\zeta^{+}) \tag{2.4}$$

其中
$$\begin{cases} y_i - [w \cdot \varphi(x_i)] - b \leqslant \varepsilon + \zeta^{-}, \zeta^{-} \geqslant 0 \\ [w \cdot \varphi(x_i)] + b - y_i \leqslant \varepsilon + \zeta^{+}, \zeta^{+} \geqslant 0 \end{cases} \tag{2.5}$$

优化的核心思想在于利用目标函数及其约束条件构造拉格朗日函数：

$$\max H(\partial_i^{-}, \partial_i^{+}) = -\frac{1}{2} \sum_{i=1}^{n} \sum_{j=1}^{n}(\partial_i^{-} - \partial_i^{+})(\partial_j^{-} - \partial_j^{+}) K(x_i, x_j)$$
$$+ \sum_{i=1}^{n} y_i(\partial_i^{-} - \partial_i^{+}) - \varepsilon \sum_{i=1}^{n} y_i(\partial_i^{-} + \partial_i^{+}) \tag{2.6}$$

其中
$$\sum_{i=1}^{n}(\partial_i^{-} - \partial_i^{+}) = 0, \partial_i^{-}, \partial_i^{+} \in [0, C] \tag{2.7}$$

因此，回归函数为：

$$f(x) = \sum_{i=1}^{n}(\partial_i^{-} - \partial_i^{+}) K(x_i, x_j) + b \tag{2.8}$$

其中，$K(x_i, x_j)$ 代表核函数。核函数是影响 SVR 模型性能的关键，本书测试了线性（linear）、多项式（polynomial）、径向基（Radial Basis Function，RBF）、Sigmoid 4 种核函数的性能。各核函数的计算公式如下：

$$\begin{cases} \text{Linear kernel：} K(x,x_i) = x \cdot x_i \\ \text{Polynomial kernel：} K(x,x_i) = (\gamma(x \cdot x_i) + v)^d \\ \text{Radial Basis Function kernel：} K(x,x_i) = \exp(-\gamma \parallel x - x_i \parallel^2) \\ \text{Sigmoid kernel：} K(x,x_i) = \tanh(\gamma(x \cdot x_i) + v) \end{cases}$$
$$\tag{2.9}$$

式中：d 为多项式的最高次数；v 为残差；γ 为多项式、RBF 和 Sigmoid 核函数的结构参数。

2.2.2 BP 算法介绍

ANN 是一种生物计算类数学模型，因具备强大的非线性问题处理能力而为人所熟知。本书构建的 BP 是 ANN 算法的代表，网络结构如图 2.3 所示。

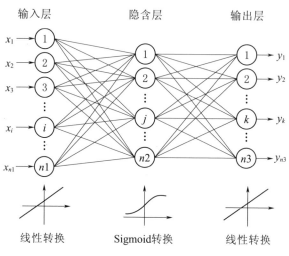

图 2.3　BP 结构图

输入数据集 $X(x_1, x_2, \cdots, x_i, \cdots, x_{n1})$ 和输出数据集 $Y(y_1, y_2, \cdots, y_k, \cdots, y_{n3})$ 通过隐含层 $H(h_1, h_2, \cdots, h_j, \cdots, h_{n2})$ 连接。其中，$n1$、$n2$ 和 $n3$ 分别代表输入节点、隐含层节点和输出层节点总数。各层之间通过转换函数连接，各层的输出结果如下：

$$\text{隐含层输出：} h_j = f(\alpha_j) = f\left(\sum_{i=1}^{n1} W_{ij} x_i + \theta_j\right) \tag{2.10}$$

$$\text{输出层输出：} Y_k = f(\beta_k) = f\left(\sum_{j=1}^{n2} W_{jk} h_j + \theta_k\right) \tag{2.11}$$

$$\text{输出层误差：} E = \frac{1}{2} \sum_{k=1}^{n3} e_k^2 = \frac{1}{2}\left[\sum_{k=1}^{n3}(D_k - Y_k)^2\right] \tag{2.12}$$

式中：i、j、k 分别为输入层、隐含层和输出层的节点；W_{ij} 和 W_{jk} 为各节点间的连接权重；θ_j 和 θ_k 为隐含层和输出层的偏差，初始的权重和偏差在 $-1 \sim 1$ 的范围内随机给定；α_j 为隐含层输入的第 j 个神经元；β_k 为输入层输入的第 k 个神经元；e_k 为输出层第 k 个神经元的输出误差；D_k 为第 k 个神经元的期望输出；$f(\cdot)$ 为转换函数。

网络训练过程中，信号从前向后传输，误差从后向前传播，在误差反向传播的过程中，逐层实现对网络权重与偏差的调整，完成对网络的训练。

2.2.3 RNN 及其衍生算法介绍

循环神经网络模型结构由输入层、隐含层、输出层 3 个部分组成，其中隐含层可以有一个或多个，隐含层会按照序列的输入时间不断循环训练网络（见图 2.4）。

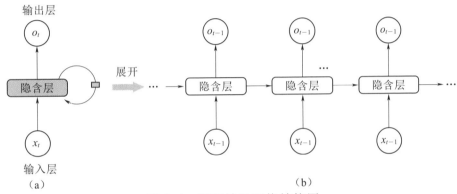

图 2.4 循环神经网络结构图

循环神经网络可以保存、记忆和处理长时期的复杂信号，在当前时间步将输入序列映射到输出序列，并预测下一时间步的输出，因此具有很强的处理复杂时序问题的能力。以三层的循环神经网络模型为例，记输入层为 $X(x_1, x_2, \cdots, x_{n1})$，输出层为 $Y(y_1, y_2, \cdots, y_{n3})$，隐含层为 $H(h_1, h_2, \cdots, h_{n2})$，$W$ 表示权重系数矩阵（如 W_{xh} 表示输入层到隐含层的权重系数矩阵），b 表示偏置向量（如 b_h 表示隐含层的偏置向量），$f(\cdot)$ 表示激活函数，则 RNN 模块的内部结构如图 2.5 所示，具体计算过程如下：

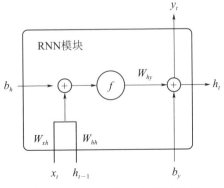

图 2.5 RNN 模块内部结构图

$$h_t = f(W_{xh}x_t + W_{hh}h_{t-1} + b_h) \qquad (2.13)$$

$$y_t = W_{hy}h_t + b_y \qquad (2.14)$$

RNN 算法虽善于处理时序问题，但也存在一些明显弊端，如在处理长序列问题时，RNN 模型存在梯度消失或梯度爆炸的现象，导致模型性能不稳定[76]。针对 RNN 算法的梯度消失问题，LSTM 算法被提出。LSTM 是 RNN 模型的一个变种，与 RNN 算法的不同在于引入了控制门的概念，实现模块对长短期记忆能力的调控[77]。LSTM 模块结构由 Gers 等[78]提出，目前应用最为广泛的 LSTM 模块由一个输入门，一个记忆细胞，一个遗忘门和一个输出门组成（见图 2.6）。其前向计算方法具体如下。

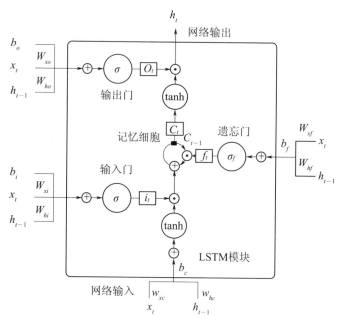

图 2.6　LSTM 模块内部结构图

LSTM 第一步是由遗忘门控制什么信息可以进入 LSTM 模块，见式（2.15）：

$$f_t = \sigma(W_{xf}x_t + W_{hf}h_{t-1} + b_f) \qquad (2.15)$$

第二步是确定哪些信息需要更新。首先由输入门决定需要更新的信息，而后利用记忆细胞产生一个新的 C_t 值，并将把这两部分产生的值结合来进行更新：

$$i_t = \sigma(W_{xi}x_t + W_{hi}h_{t-1} + b_i) \tag{2.16}$$

$$C_t = f_t C_{t-1} + i_t \tanh(W_{xc}x_t + W_{hc}h_{t-1} + b_c) \tag{2.17}$$

最后，经由输出门计算隐含层的输出：

$$O_t = \sigma(W_{xo}x_i + W_{ho}h_{t-1} + b_o) \tag{2.18}$$

$$h_t = O_t \tanh(C_t) \tag{2.19}$$

式（2.15）～式（2.19）中：f_t、i_t、C_t、O_t 和 h_t 分别为遗忘门、输入门、细胞状态、输出门和隐含层的记忆状态或输出；W 为权重系数矩阵；b 为偏置项；σ 为 Sigmoid 激活函数；tanh 为双曲正切激活函数。

此外，LSTM 模型演化出了很多变体，GRU 是其中较为成功的一种，由 Chung 等[79] 提出。GRU 的原理与 LSTM 非常相似，即通过门控机制控制模块的输入、记忆、输出等信息，但在此基础上对 LSTM 模块进行了一些简化，其结构如图 2.7 所示。其主要计算过程如下。

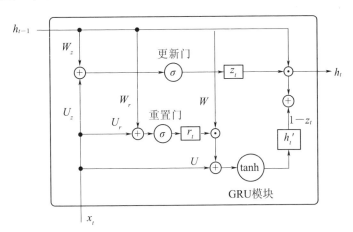

图 2.7　GRU 模块内部结构图

首先由更新门和重置门对隐层细胞状态进行更新：

$$z_t = \sigma(x_t U_z + h_{t-1} W_z) \tag{2.20}$$

$$r_t = \sigma(x_t U_r + h_{t-1} W_r) \qquad (2.21)$$

其次，记忆细胞生成当前时刻隐层的记忆内容：

$$h'_t = \tanh(x_t W + r_t U h_{t-1}) \qquad (2.22)$$

最后，计算当前时刻隐含层输出：

$$h_t = z_t h_{t-1} + (1 - z_t) h'_t \qquad (2.23)$$

式（2.20）～式（2.23）中：z_t、r_t、h'_t 和 h_t 分别为更新门输出、重置门输出、隐含层记忆内容和隐含层输出；W 和 U 为权重系数矩阵；σ 为 Sigmoid 激活函数；tanh 为双曲正切激活函数。

模型训练过程均采用与 BP 算法原理相近的 BPTT 算法，前向计算隐含层输出值，按照时序与网络层级反向计算误差值，基于误差梯度持续优化调整网络权重系数。

2.3　基于 Python 语言的 AI 水温预测程序

本书所提出的 AI 水温预测程序采用目前较为流行的编程语言 Python3.5 来实现。Python 是一种跨平台、开源、免费的解释性语言，语法简单，便于使用。Python 具有强大且丰富的库，伴随大数据和人工智能技术的发展，Python 逐渐成为机器学习领域最受欢迎的编程语言。

本书构建的 AI 水温预测程序主要包括数据前处理模块、AI 水温预测模块和数据后处理模块。

2.3.1　数据前处理模块

数据前处理模块主要通过 NumPy 和 Pandas 两个工具包实现。

NumPy 是 Python 科学计算中的基础包，具有强大的矩阵存储和处理能力，可通过切片、索引等操作，实现对矩阵的增删改查，同时兼具数学逻辑运算、基本统计运算和随机模拟等功能。Pandas 是一个基于 NumPy 的工具集，可用于数据挖掘和数据分析，同时也具有数据清洗的功能，DataFrame 和 Series 是 Pandas 的两大利器，DataFrame 是二维表格型的数据结构，Series 由一维数组与对应数据标签组成，这两种数据结构更有助于数据处理工作的展开。

数据前处理模块具有数据读取、数据清洗、数据切片、离散化、归一化等预处理功能。以水温预测的前处理为例，程序首先利用 Pandas 的 read_excel 和 read_csv 功能，读取数据集中的数据，而后利用 NumPy 进行数据清洗，定义输入因子和期望输出，划分训练集与测试集并进行归一化处理。

2.3.2 AI 水温预测模块

水温预测模块是程序的核心模块，包括模型框架搭建、参数设定、模型训练及存储、模型调用及预测等功能。本书共选用 5 种 AI 模型，不同模型所需的工具包不同，SVR 模型主要由 Scikit - learn 工具包实现，BP、RNN、LSTM 和 GRU 由 Keras 工具包实现。

（1）Scikit - learn 是 Python 语言中专门针对机器学习发展起来的一款开源框架，本书构建的 SVR 模型的基本过程如下：

算法定义 model = svm.SVR(kernel='rbf')
参数优化
c_can = numpy.logspace(…)
gamma_can = numpy.logspace(…)
svr = GridSearchCV(model,param_grid={'C':c_can,'gamma':gamma_can},cv=…)
模型训练 svr.fit(train_X,train_y)
模型存储 joblib.dump(svr,'svr.model')
模型调用 svr = joblib.load('svr.model')
应用模型预测 predict_y = svr.predict(test_X)

第一步，利用 Scikit - learn 工具包中的 svm 模块定义 SVR 算法及其采用的核函数，共对比了 linear、polynomial、rbf、sigmoid 4 种核函数；第二步，利用 NumPy 的 logspace 功能设定核函数对应参数的取值范围，并利用 Scikit - learn 工具包的 GridSearchCV 功能，开始网格搜索最优参数组合；第三步，开展模型训练，建立输入因子 train_X 与输出因子 train_y 的映射关系；第四步，存储训练完成后的模型，命名为'svr. model'；第五步，调用模型；第六步，应用模型实现对下泄水温的预测。

（2） Keras 是在 TensorFlow 和 Theano 基础上构建的高阶应用接口（API），为了支持快速实践而对 Tensorflow 或者 Theano 的再次封装。Tensorflow 和 Theano 均是最为流行的深度学习框架。基于 Keras 的 BP、RNN、LSTM 和 GRU 4 种神经网络模型水温预测实现的基本过程如下：

> 模型创建
> model = Sequential()
> model. add(×××(nodes,…)) ♯添加第 1 个隐含层,×××为对应的模型名称,nodes 为隐层节点数
> model. add(×××(nodes,…)) ♯添加第 2 个隐含层
> …
> model. add(×××(nodes,…)) ♯添加第 n 个隐含层
> model. add(Dense(1)) ♯添加输出层,定义输出变量个数为 1
> model. compile(loss = 'mae',optimizer = 'adam') ♯设定损失函数和优化器
> 模型训练
> My_model = model. fit(train_X,train_y,epochs = epochs,batch_size = batch_size,…)
> 模型存储
> My_model. save('My_model. h5')
> 模型调用
> My_model = load_model('My_model. h5')
> 模型预测
> predict_y = My_model. predict(test_X)
> "♯"前为代码示意,"♯"后为注释。

第一步，利用 Keras 工具包定义模型结构，本书定义的 Sequential 模型结构是一个没有多余分支的多层堆叠网络；而后为模型添加隐含层、定义模型类型及隐层节点数，模型类型通过修改示意代码中的×××为对应的模型名称来定义，BP 的代码为 Dense，RNN 为 SimpleRNN，LSTM 为 LSTM，GRU 为 GRU，隐层节点

数通过修改 *nodes* 进行设定，模型可添加多个隐含层，隐含层添加完成后定义模型的输出层及输出变量个数；之后设定损失函数 loss 和优化器 optimizer，完成模型的创建。第二步，设定迭代次数 epochs 和训练批量 batch＿size，开展模型训练，建立输入因子 train＿X 与输出因子 train＿y 的映射关系。第三步，存储训练完成后的模型，命名为'My＿model. model'。第四步，调用模型。第五步，应用模型实现对下泄水温的预测。

在定义 5 种 AI 算法核心计算过程的基础上，将代码分别封装为 SVR、BP、RNN、LSTM、GRU 5 个子模块，并再次进行简单的二次封装，封装完成后使用者直接调用各子模块进行相关参数设定、模型训练与预测。

2.3.3 数据后处理模块

数据后处理模块主要通过 NumPy、Pandas 和 Matplotlib 3 个工具包实现。Matplotlib 是一个基于 Python 开发的 2D 图形库，能够生成形式质量较高的更累折线图、散点图、直方图、热力图等可视化图形。

数据后处理模块主要用于实现结果数据的分析、存储及可视化。以水温预测结果数据的处理为例，主要处理流程如下：首先整合模型预测结果与期望输出结果；而后利用 NumPy 的统计分析功能计算平均相对误差、平均绝对误差、均方根误差等指标，并利用 Pandas 将各项指标和预测结果存储进入 Excel 或 Csv 文件；在此基础上，利用 Matplotlib 实现输出结果的可视化功能。

2.3.4 其他功能模块

除上述主要功能模块外，程序还开发了一些其他功能以辅助对模型运行情况的了解，如利用 Python 自带的 time 工具，在模型训练和预测的过程中记录起始时间，用以明确模型的计算耗时；利用 Matplotlib 实现训练过程的可视化，输出观察损失函数曲线的变化，监控模型训练过程，图 2.8 所示为对训练过程的可视化监控

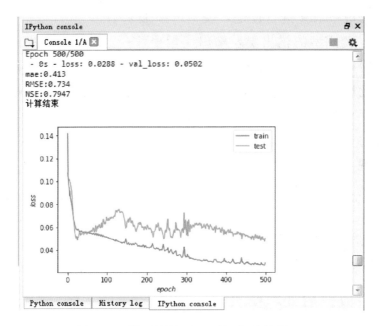

图 2.8　模型训练过程可视化监控界面

界面。

2.4　本　章　小　结

（1）在明晰水库水温结构形成物理机制的基础上，提出了 AI 水温预测概念模型，初步筛选了 AI 模型构建可能用到的输入因子，包括水库的运行水位、出库流量、叠梁门运行层数、取水口水深、入库流量和入库水温、太阳辐照度、气温、风速、风向、空气相对湿度、历史下泄水温等，输出因子为下泄水温。

（2）基于模型的计算原理，搭建了 AI 算法的水温预测模型框架，以 Python3.5 语言为工具自主编制了相关计算程序，程序核心模块具有框架搭建、参数设定、模型训练及存储、模型调用及预测等功能，经过封装后，使用者可以直接调用 SVR、BP、RNN、LSTM、GRU 5 个子模块，完成参数设定和模型训练、预测。同时，程序兼具数据前处理、后处理功能，可根据各模块的需求调整数据输入格式，并实现对输出结果和训练过程的可视化监控。

第 3 章 AI 模型训练数据集构建

本章基于对 AI 模型学习方式的分析，发现了 AI 模型训练数据量不足的短板，参照国际经验，提出了以物理机制数值模型生成训练数据的解决方案。以此为指导思想，首先利用收集到的锦屏一级水电站实测资料，构建了可准确模拟锦屏一级水电站水温结构的 EFDC 水温模拟模型，而后，利用经过验证的 EFDC 水温模拟模型，模拟了设计工况下的水库水温分布结构和下泄水温，整理形成了可供 AI 模型训练的数据集。

3.1 AI 模型训练数据集形成的总体思路

本书选定的 AI 模型学习方式为监督式学习，通过给模型提供大量的训练范例，建立输入与预期输出之间的映射关系，进而预测对任何可能输入值的输出。有别于传统数学模型侧重于描述变量间物理作用机制的研究方式，AI 模型善于直接通过大样本的数据训练，自主探索变量间的潜在关系，因此，训练样本数量是否足够、样本值是否覆盖输入、输出因子可能出现的范围，都将直接影响模型的学习效果。

我国大型分层取水设施的运行时间较短，能收集到的实测水温资料有限。本书的研究工作以锦屏一级水电站为例展开，水温资料方面，仅收集到了 2015 年 4 月—2016 年 3 月的库区水温分布资料和下泄水温资料。而 AI 模型要取得高精度的模拟结果，需要大量数据的支撑，现阶段收集到的数据量难以满足模型训练的需求。

国际上有解决同类问题的思路。利用深度学习技术，IBM 公司、美国贝勒大学和圣母大学联合开发出一种先进的海浪预报系统，研究者利用传统的 SWAN（Simulating Waves Nearshore）模型预报生成海浪场，总共生成 12400 个学习样本，用于深度学习网络的训练，训练后的深度学习模型不仅在计算耗时及花费成本上大幅降低，而且取得了与 SWAN 模型相当的精度水平[80]。

美国橡树岭国家实验室的 Shaw 等[81]在研究田纳西州 Cumberland 河上 Cordell Hull 和 Old Hickory 两座电站运行对下泄水温和溶解氧的影响时，以收集到的 2005 年全年实测入流水温、溶解氧和出库流量为基础，在实测数据的基础上加减 5% 设计入流水温场景和入流溶解氧场景，出库流量分发电引水流量和溢流量两种情况考虑，每种情况设计 3 种取水方案，同时收集 2005 年、2006 年、2007 年的实测气象数据，将不同场景排列组合，共计生成 729 组水电站运行工况组合。而后利用 CE－QUAL－W2 模拟 729 种工况组合下的下泄水温和溶解氧，为 ANN 模型提供训练样本，实现了基于 ANN 算法的下泄水温和溶解氧预测。

参照国际经验，本书以收集到的锦屏一级电站的实测数据为基础，综合考虑对下泄水温影响较大的出入库流量过程、气象条件、入流水温条件、叠梁门运行方案等因素，在尽量涵盖锦屏一级水电站可能面临的实际场景的基础上，设计各类工况组合；之后，利用 EFDC 模拟各工况组合下的水温分布结构和下泄水温，以满足 AI 模型训练对数据样本的需求。

数据集构建总体思路如下：在流量上，考虑丰、平、枯 3 种典型水文年工况；在气象条件上，考虑锦屏一级电站附近木里、越西、盐源 3 个站点的实测气象信息；在入流水温上，以 2015 年 4 月—2016 年 3 月的实测日平均入流水温数据为基准，再分别加减 5%，设定 3 种水温工况；叠梁门的运行工况按照电站运行手册设计，每年的 3—6 月根据对应水位条件，设计不运行分层取水设施、一层叠梁门、两层叠梁门和三层叠梁门 4 种工况。

各类工况按照排列组合的方式依次组合，共计形成 3 种水文典型年×3 种气象场景×3 种入流水温×4 种叠梁门调度方案＝108 组工况。同时，为了便于分析和表述，本书对不同工况组合进行了编码，按照水文年代码＋来流水温代码＋气象条件代码的格式对各工况进行编号（见表3.1和表3.2）。其中，水文年的具体编码为：丰水年为F，平水年为P，枯水年为K；来流水温的具体编码为：2015年4月—2016年3月水温加上5％为Z，2015年4月—2016年3月水温为C，2015年4月—2016年3月水温减去5％为F；气象条件的具体编码为：木里站为M，越西站为X，盐源站为Y。以PZY-1为例，其含义为以平水年的水文条件作为流量边界，以2015年4月—2016年3月水温加上5％作为水温边界，以盐源站的气象数据作为气象边界，叠梁门运行层数为1。

表3.1 设计工况对应编号

项目	工况
水文年	丰水年（F）、平水年（P）、枯水年（K）
气象资料	木里站（M）、越西站（X）、盐源站（Y）
入流水温	2015年4月—2016年3月水温加上5％（Z）、2015年4月—2016年3月水温（C）、2015年4月—2016年3月水温减去5％（F）
分层取水（3—6月）	不启用叠梁门（0）、一层叠梁门（1）、两层叠梁门（2）、三层叠梁门（3）

表3.2 设计工况组合详细列表

FZM-0	FZX-0	FZY-0	FCM-0	FCX-0	FCY-0	FFM-0	FFX-0	FFY-0
FZM-1	FZX-1	FZY-1	FCM-1	FCX-1	FCY-1	FFM-1	FFX-1	FFY-1
FZM-2	FZX-2	FZY-2	FCM-2	FCX-2	FCY-2	FFM-2	FFX-2	FFY-2
FZM-3	FZX-3	FZY-3	FCM-3	FCX-3	FCY-3	FFM-3	FFX-3	FFY-3
PZM-0	PZX-0	PZY-0	PCM-0	PCX-0	PCY-0	PFM-0	PFX-0	PFY-0
PZM-1	PZX-1	PZY-1	PCM-1	PCX-1	PCY-1	PFM-1	PFX-1	PFY-1
PZM-2	PZX-2	PZY-2	PCM-2	PCX-2	PCY-2	PFM-2	PFX-2	PFY-2
PZM-3	PZX-3	PZY-3	PCM-3	PCX-3	PCY-3	PFM-3	PFX-3	PFY-3
KZM-0	KZX-0	KZY-0	KCM-0	KCX-0	KCY-0	KFM-0	KFX-0	KFY-0
KZM-1	KZX-1	KZY-1	KCM-1	KCX-1	KCY-1	KFM-1	KFX-1	KFY-1
KZM-2	KZX-2	KZY-2	KCM-2	KCX-2	KCY-2	KFM-2	KFX-2	KFY-2
KZM-3	KZX-3	KZY-3	KCM-3	KCX-3	KCY-3	KFM-3	KFX-3	KFY-3

3.2　EFDC 模型简介

3.2.1　EFDC 模型概述

EFDC 是一个开源的环境流体动力学三维数值计算模型,由美国国家环境保护署出资,弗吉尼亚海洋科学研究所和威廉玛丽学院的海洋科学学院共同研发完成。该计算模型集合了水动力、水温、盐度、粒子追踪等众多模块,可用于模拟河流、湖泊、水库等不同类型水体的流场、温度场、水质的空间分布以及泥沙的输移和粒子追踪。本书应用的是 EFDC_Explorer 8.2。

3.2.2　EFDC 主控方程

EFDC 是基于流体不可压缩、Boussinessq 假定和静力近似假设的准三维模型。水平方向上采用正交曲线坐标系,垂直方向上采用 Sigma 坐标系,以实现不规则物理区域向矩形计算单元的转换,同时简化网格剖分过程,提高模型计算精度。

$$\begin{cases} x = x(x^*, y^*) \\ y = y(x^*, y^*) \\ z = (z^* + h)/(\zeta + h) \end{cases} \tag{3.1}$$

式中:x^*,y^*,z^* 为实际物理空间上的横向、纵向、垂向坐标;x、y 为坐标转换后正交曲线坐标系中的横向与纵向坐标;z 为转换后 Sigma 坐标系中的垂向坐标;h 为平均水深;ζ 为自由表面的物理垂向坐标。

主控方程包括连续方程、动量方程、状态方程和温度输移方程。

连续方程:

$$\frac{\partial (m\zeta)}{\partial t} + \frac{\partial (m_y Hu)}{\partial x} + \frac{\partial (m_x Hv)}{\partial y} + \frac{\partial (mw)}{\partial z} = 0 \tag{3.2}$$

动量方程:

$$\frac{\partial(mHu)}{\partial t}+\frac{\partial(m_{y}Huu)}{\partial x}+\frac{\partial(m_{x}Hvu)}{\partial y}+\frac{\partial(mwu)}{\partial z}$$

$$-\left[mf+v\frac{\partial m_{y}}{\partial x}-u\frac{\partial m_{x}}{\partial y}\right]Hv$$

$$=-m_{y}H\frac{\partial(g\zeta+p)}{\partial x}-m_{y}\left[\frac{\partial h}{\partial x}-z\frac{\partial H}{\partial x}\right]\frac{\partial p}{\partial x}+\frac{\partial}{\partial x}\left[\frac{mA_{v}}{H}\frac{\partial u}{\partial z}\right]+Q_{u}$$

$$(3.3)$$

$$\frac{\partial(mHv)}{\partial t}+\frac{\partial(m_{y}Huv)}{\partial x}+\frac{\partial(m_{x}Hvv)}{\partial y}+\frac{\partial(mwv)}{\partial z}$$

$$+\left[mf+v\frac{\partial m_{y}}{\partial x}-u\frac{\partial m_{x}}{\partial y}\right]Hu$$

$$=-m_{x}H\frac{\partial(g\zeta+p)}{\partial y}-m_{x}\left[\frac{\partial h}{\partial y}-z\frac{\partial H}{\partial y}\right]\frac{\partial p}{\partial z}+\frac{\partial}{\partial z}\left[\frac{mA_{v}}{H}\frac{\partial v}{\partial z}\right]+Q_{v}$$

$$(3.4)$$

$$\frac{\partial p}{\partial z}=-gH(\rho-\rho_{0})\rho_{0}^{-1}=-gHb \qquad (3.5)$$

状态方程：

$$\rho=\rho(p,S,T) \qquad (3.6)$$

温度输移方程：

$$\frac{\partial(mHT)}{\partial t}+\frac{\partial(m_{y}HuT)}{\partial x}+\frac{\partial(m_{x}HvT)}{\partial y}+\frac{\partial(mwT)}{\partial z}$$

$$=\frac{\partial}{\partial z}\left[\frac{mA_{b}}{H}\frac{\partial T}{\partial z}\right]+Q_{T} \qquad (3.7)$$

式中：u 和 v 分别为 x 和 y 水平方向上的速度分量；w 为垂直方向上的速度分量；m_{x}、m_{y} 为坐标转换因子，$m=m_{x}m_{y}$；p 为相对静水压力；b 为相对浮力；f 为科氏力系数；ρ 为水体密度，ρ_{0} 为参考密度，S 为盐度；Q_{u} 和 Q_{v} 为动量方程的源汇项；Q_{T} 为热量源汇项；A_{v} 为垂向紊动黏性系数；A_{b} 为垂向紊动扩散系数。

其中，垂向紊动黏性系数 A_{v} 和垂向紊动扩散系数 A_{b} 采用 Gelperin 等修正的 2.5 阶 Mellor - Yamada 紊流闭合模型求解[82]。具体求解公式如下：

$$A_v = \phi_v q l = 0.4(1 + 36R_q)^{-1} + (1 + 6R_q)^{-1}(1 + 8R_q)q l \tag{3.8}$$

$$A_b = \phi_b q l = 0.5(1 + 36Q_q)^{-1}q l \tag{3.9}$$

$$R_q = \frac{gH\partial_z b}{q^2}\frac{l^2}{H^2} \tag{3.10}$$

式中：q 为紊动能量；l 为紊动尺度；R_q 为查森数；ϕ_v 和 ϕ_b 分别为垂向混合和输运的增减。

q^2 与 l 的输运方程为：

$$\frac{\partial(mHq^2)}{\partial t} + \frac{\partial(m_y Huq^2)}{\partial x}\frac{\partial(m_x Hvq^2)}{\partial y} + \frac{\partial(mwq^2)}{\partial z}$$

$$= \frac{\partial}{\partial z}\left[\frac{mA_q}{H}\frac{\partial q^2}{\partial z}\right] + Q_q + \frac{2mA_v}{H}\left[\left(\frac{\partial u}{\partial z}\right)^2 + \left(\frac{\partial v}{\partial z}\right)^2\right]$$

$$+ 2mgA_b\frac{\partial b}{\partial z} - 2mH(B_1 l)^{-1}q^3 \tag{3.11}$$

$$\frac{\partial(mHq^2 l)}{\partial t} + \frac{\partial(m_y Huq^2 l)}{\partial x}\frac{\partial(m_x Hvq^2 l)}{\partial y} + \frac{\partial(mwq^2 l)}{\partial z}$$

$$= \frac{\partial}{\partial z}\left[\frac{mA_q}{H}\frac{\partial q^2 l}{\partial z}\right] + Q_l + \frac{mE_1 lA_v}{H}\left[\left(\frac{\partial u}{\partial z}\right)^2 + \left(\frac{\partial v}{\partial z}\right)^2\right]$$

$$+ mgE_1 E_3 lA_b\frac{\partial b}{\partial z} - mHB_1^{-1}q^3(1 + E_2(\kappa L)^{-2}l^2) \tag{3.12}$$

$$L^{-1} = H^{-1}[z^{-1} + (1-z)^{-1}] \tag{3.13}$$

式中：B_1、E_1、E_2、E_3 为经验常数；Q_q、Q_l 为相应的源汇项；A_q 与 A_v 为垂向扩散系数，一般取相同的值。

3.3　锦屏一级水电站概况

3.3.1　水电站基本信息

　　锦屏一级电站位于四川省盐源县与木里县交界处的雅砻江干流

河段，是一座发电为主，兼具防洪、拦沙等功能的大型水利枢纽工程（见图3.1）。水电站装机容量为3600MW，多年平均年发电量为166.20亿kW·h，最大坝高为305m，为世界第一高双曲拱坝，总库容为77.6亿m^3，调节库容为49.1亿m^3，年库水交换次数为5.0，具有年调节能力。库区狭长，主库区回水长度为59km，小金河支库回水长度为90km。

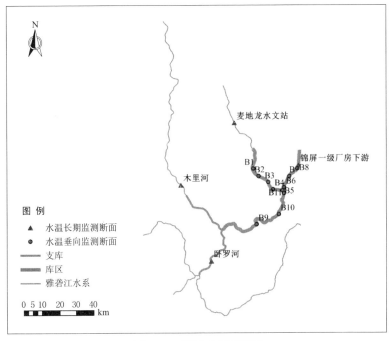

图3.1　研究区概况图

3.3.2　分层取水设施运行规程

锦屏一级水电站正常蓄水位为1880m，死水位为1800m，单机引用流量为337.4m^3/s，建有三层叠梁门分层取水设施，可采用单层进水口和叠梁门分层取水多种调度方案。

单层进水口的取水口顶高程为1779m。叠梁门取水设施的运行期为3—6月，可采用一层叠梁门、两层叠梁门和三层叠梁门3种调度方案，在满足一定水位要求的前提下，可启用相应层数的叠梁门，各层叠梁门运行的水位要求和对应门顶高程详见表3.3。

表 3.3　　　　　　　　　叠梁门门顶高程及运行水位要求

叠梁门层数	门顶高程/m	对应水库最低运行水位/m
不启用叠梁门	1779	1800
一层叠梁门	1793	1814
两层叠梁门	1807	1828
三层叠梁门	1814	1835

（1）三层叠梁门方案要求水库水位在 1835m 以上时，三层门叶（14m＋14m＋7m）挡水，对应门顶高程 1814m；水库水位在 1835～1828m 之间时，移走最上层叠梁门，剩余两层门叶（14m＋14m）挡水，对应门顶高程为 1807m；水库水位降至 1828～1814m 之间时，继续移走第二层叠梁门，仅最后一层叠梁门（14m）挡水，对应门顶高程为 1793m；水位低于 1814m 时，移走所有叠梁门。

（2）两层叠梁门方案要求当库水位高于 1828m 时，启用两层叠梁门，对应门顶高程为 1807m；当库水位为 1828～1814m 时，移走上层叠梁门，剩余一层门叶挡水，对应门顶高程为 1793m；当库水位低于 1814m 时，移走所有叠梁门。

（3）一层叠梁门方案要求，当水库水位低于 1814m 时，加装一层叠梁门，对应门顶高程为 1793m；当库水位低于 1814m 时，不启用叠梁门。

3.4　EFDC 模型构建

本书在水动力模型的基础上，加入水温模块（水温求解方法为 Equilibrium temperature），搭建了锦屏一级电站水温预测模型。EFDC 水温预测模型的构建需要地形数据及流量、水温、气象等边界条件的支撑。为利用已有实测数据来率定模型，本书选择数据资料较全的 2015 年 4 月 1 日—2016 年 3 月 31 日一整年的时段作为模拟验证期。

3.4.1　数据资料

3.4.1.1　地形数据

根据实测的水库地形数据，插值得到高精度的锦屏一级全库地形数据（见图 3.2）。为验证地形数据的准确性，利用 ArcGIS 计算了水位低于 1880m 的水库体积，结果为 78.72 亿 m³，误差为 1.44%，说明地形数据精确度较高，能够满足模型计算要求。

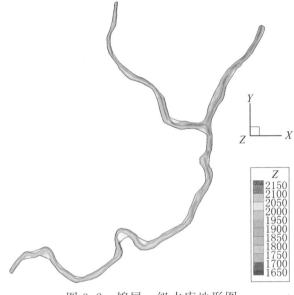

图 3.2　锦屏一级水库地形图

3.4.1.2　气象数据

鉴于水体的水动力过程及温度输移过程受气象因素影响较大，因此本书在模拟过程中考虑了气象因素的影响。EFDC 模型需输入的气象边界条件包括气压、气温、湿度、降水、蒸发、太阳辐照度、风速、风向、云量等，除云量外其余气象资料均来源于中国气象数据网（http://data.cma.cn/）。锦屏一级水电站坝址处的各气象指标数据，由盐源站、木里站、越西站的气象资料按气象站点据锦屏坝前距离加权平均求得，输入精度为日均值。云量数据来源于文献资料[2]，资料数据精度为月均值，在设定云量边界时，按照当日所处月份的月均值数据输入，详情如图 3.3 所示。

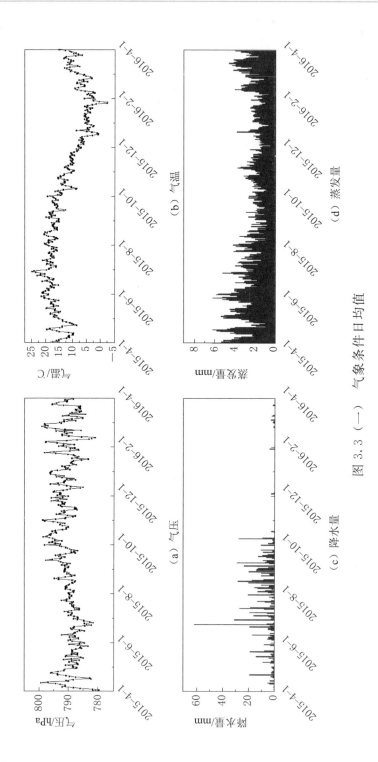

图 3.3 （一）　气象条件日均值

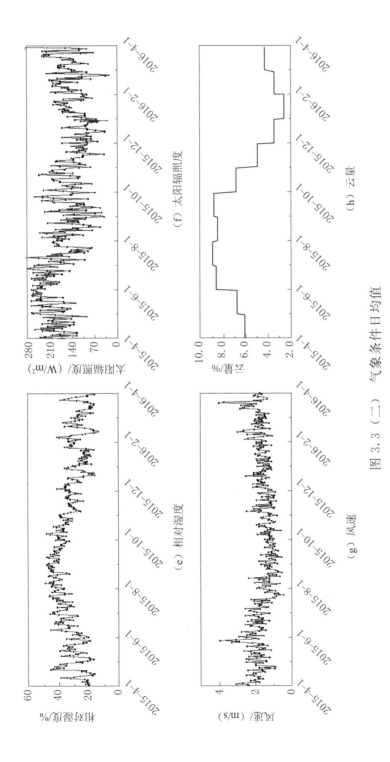

图 3.3（二） 气象条件日均值

气象数据显示，锦屏一级库区秋冬季气压较高，夏季气压较低；气温、蒸发、太阳辐照度和云量的变化趋势相似，春夏两季气温高、蒸发量大、光照强度、云量多，秋冬两季气温低、蒸发量小、太阳辐照度低、云量少；降水与相对湿度的变化趋势相似，降水全年分布不均，主要集中在夏季和初秋，冬季鲜少降水事件，相对应的夏季和初秋相对湿度较大，冬季相对湿度低，如图 3.3 所示。风速年内变化较小，主导风向为西南风，各季节相对而言，春夏风速较高，秋冬风速较低，如图 3.3（g）和图 3.4 所示。

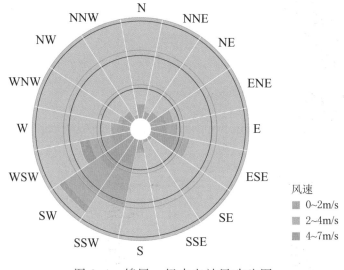

图 3.4　锦屏一级水电站风玫瑰图

3.4.1.3　水电站运行数据

水库的出入库流量、库水位及入流水温数据是水温预测模型的重要边界条件。本书收集了模拟时段内锦屏一级水电站的出入库流量、库水位及出入流水温的日资料，并以水库的入库流量、水温为上边界，以水库出库流量为下边界，搭建了基于 EFDC 的水温预测模型。详细的数据资料情况如图 3.5 和图 3.6 所示。在模拟时段内，水库的运行水位控制在 1800～1880m 之间，干支流的平均入流量分别为 936.7 m^3/s 和 292.9 m^3/s，约占总入流量的 76% 和 24%（见图 3.5）。

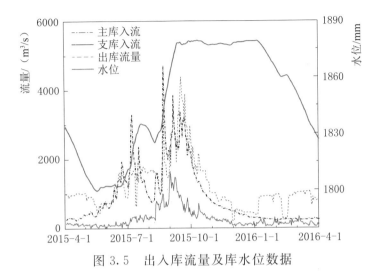

图 3.5　出入库流量及库水位数据

整体而言，在研究时段内，由于支库上游卧罗桥水电站和立洲水电站的调节作用，支库入流水温整体高于主库入流水温，尤其是2015 年 11 月到翌年 1 月，支库入流水温显著高于主库，温差最高可达 6℃（见图 3.6）。

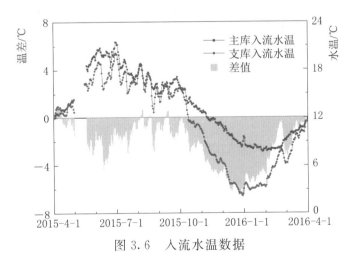

图 3.6　入流水温数据

3.4.1.4　模型网格化分及计算条件设置

模型计算区域为锦屏一级全库，包括雅砻江主库区和小金河支库。计算区域采用正交曲线进行网格划分，横向概化成一个网格，尺寸约为 400m；纵向网格 252 个，间距不等，尺寸为 400～900m。垂向上的水温变化是水库水温模拟的重点，然而垂向网格层数过多会导致计算耗时过大，在综合权重模拟精度与计算耗时的基础上，垂向上划分为 30 层网格，上层水体水温变化较大，因此上 20 层网格较密，占总水深的 50%；下层水体温度变化较缓，因此下 10 层网格较疏，占总水深的另 50%。垂向剖面网格划分如图 3.7 所示。

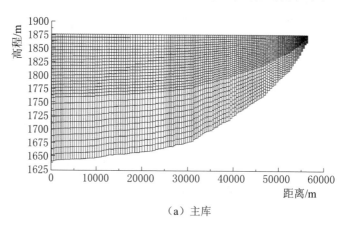

（a）主库

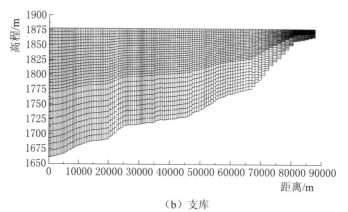

（b）支库

图 3.7　锦屏一级水电站库区垂向剖面网格划分图

3.4.2　参数敏感性分析及设定方案

3.4.2.1　参数敏感性分析

参数的选取直接影响模型的模拟精度，为明晰各参数对模型的影响规律，本书对主要参数的敏感性进行了分析，结果如图 3.8 所示。

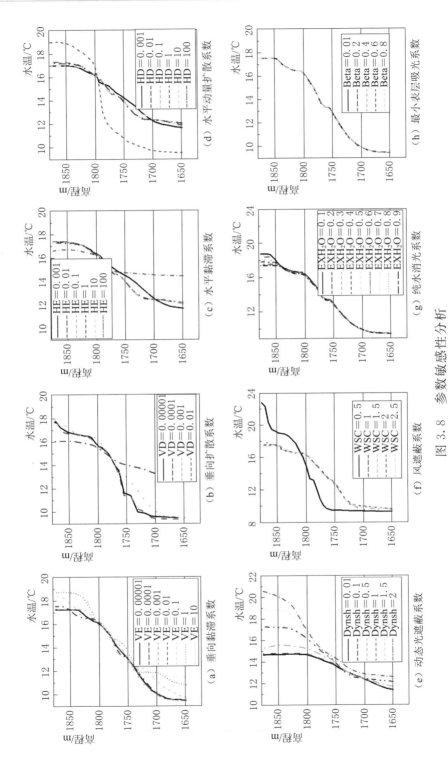

图 3.8 参数敏感性分析

43

参数敏感性分析结果显示，在EFDC的主要控制参数中，对水温过程影响较大的水动力参数主要有垂向黏滞系数（VE）、垂向扩散系数（VD）、水平黏滞系数（HE）和水平动量扩散系数（HD），此类参数直接影响水动力过程，进而影响物质和热量的传输。垂向从0.00001增加到0.01时，水温垂向分布情况变化较小；在从0.01增大到10的过程中，表层水体和底层水体升温明显，中层水体变化微弱［见图3.8(a)］。当垂向扩散系数从0.00001增大到0.0001时，水温结构几乎无变化；在从0.0001增大到0.01的过程中，表层水温下降，底层水温上升，水体垂向扩散效应加强，水温垂向混匀趋势明显［见图3.8(b)］。当水平黏滞系数自0.001增加到1时，水温结构没有明显变化，自1增加到100，表层水温略有降低，底层水温上升明显［见图3.8(c)］。在水平扩散系数从0.001增加到10的过程中，水温结构变化微弱，当从10增加到100时，表层水温明显上升，底层水温明显下降，水温结构分层明显增强［见图3.8(d)］。

除水动力相关参数外，水温模拟对热交换和气象相关参数同样比较敏感，结合前人的研究结果，EFDC的Equilibrium temperature模块对动态光遮蔽系数（Dynsh）、风遮蔽系数（WSC）、纯水消光系数（EXH$_2$O）和最小表层吸光系数（Beta）较为敏感[93-94]。动态光遮蔽系数Dynsh主要考虑地形、植被对太阳辐射的遮蔽作用，系数取值越大，库区太阳辐射越强，反之则越弱。本书的参数敏感性分析结果显示，Dynsh对水温垂向分布影响显著，在Dynsh从0.01增大到2的过程中，水温呈整体上升趋势，其中表层水体温度迅速上升，底层水体温度上升较为缓慢［见图3.8(e)］。风遮蔽系数WSC主要用于修正测点风速与实际风速的差异，WSC取值越大，库区风速越大，反之库区风速越小。本书分析结果显示，WSC主要影响表层水体温度，当风遮蔽系数从0.5增加到1时，水温结构变化显著，表层水体温度迅速降低，垂向混合加强，说明风力的增加导致表层水体散失加大，垂向掺混增强；在WSC从1增加到3的过程中，水温垂向分布变化微弱，说明WSC增加到一定值后，继续增大不再对水温结构构成显著影响［见图3.8(f)］。纯水消光系

数 EXH_2O 表征太阳辐射在水体的衰减速率。本书的分析结果显示，在 EXH_2O 从 0.1 增加的 0.9 的过程中，表层水温有下降趋势，底层水温几乎没有变化〔见图 3.8（g）〕。最小表层吸光系数 Beta 是指表层水体对太阳辐射的最小吸收量，分析结果显示，Beta 对水温结构的影响较小，当 Beta 自 0.01 增加到 0.8 时，水温结构几乎没有变化〔见图 3.8(h)〕。

3.4.2.2 参数设定方案

根据参数敏感性分析结果，本书采用试算法对参数进行了率定，结合模拟结果与实测结果的对比，反复调整参数取值，初步选出了两种参数设定方案，具体参数取值见表 3.4。

表 3.4　　　　　　　EFDC 水温模拟模型主要参数取值

参　数	英　文　名　称	简写	方案一	方案二
垂向黏滞系数	vertical eddy viscosity	VE	0.0001	0.0001
垂向扩散系数	vertical molecular diffusivity	VD	0.00001	0.0005
水平黏滞系数	horizontal eddy viscosity	HE	1	1
水平动量扩散系数	horizontal momentum diffusivity	HD	1	10
动态光遮蔽系数	dynamic shading or static shading	Dynsh	0.7	0.7
风遮蔽系数	wind Sheltering Coeff	WSC	1.0	1.0
纯水消光系数	clear Water Light Extinction Coeff（1/m）	EXH_2O	0.6	0.6
最小表层吸光系数	minimum Fraction of Solar Rad Absorbed in the Top Layer	Beta	0.45	0.45

在方案一参数设定条件下，模型对升温期（4—8 月）的模拟结果良好，但从 9 月起，模拟精度显著降低，进而导致后续月份模拟精度均较差（见图 3.9）。分析可能的原因是，9 月起水库进入降温期，受气温影响表层水体温度降低，库区水体垂向对流扩散作用增强，底层水温上升，EFDC 采用静水压力假设，导致模型对垂向对流等水动力过程的模拟能力不足，进而导致模拟精度的下降[85]。

基于方案一和模拟结果分析，本书提出了第二种参数设定方案，调高了模型的垂向扩散系数（VD）和水平动量扩散系数（HD），以提高 EFDC 模型对垂向对流过程的模拟能力。组合两种参数设定方案，完成了全年的水库水温变化过程模拟，在水库降温期（9—10月），参数设定采用方案二，以更好地模拟水体的垂向对流扩散过程；其余月份（4—8月，11月至翌年 3月）的参数设定采用方案一。模拟结果显示，组合方案可以精确地模拟年内不同时期锦屏一级水库的水温变化过程。

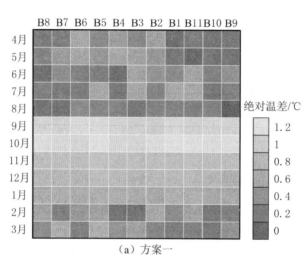

（a）方案一

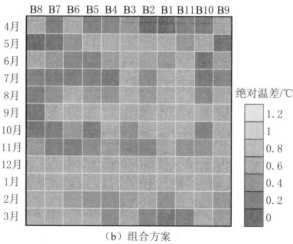

（b）组合方案

图 3.9　不同参数方案模拟结果对比图

3.5 EFDC 模 型 验 证

3.5.1 实测水温与模拟水温对比

图 3.10 对比了模拟时段内各月库区坝前断面 B8、汇口断面 B5、主库断面 B4 和支库断面 B10 的垂向水温实测值和计算值。结果显示,在模拟时段内,各验证断面水温分层均比较明显。

从空间上看,本书构建的 EFDC 模型能够较好地模拟自库尾至坝前水库水温的沿程变化和水温分层现象,其中 6—10 月的模拟结果显示,模型对坝前断面表层水温的模拟精度高于其余断面,其原因可能是表层水体温度受气象因素影响显著,本书采用的气象边界由木里、盐源、越西 3 个站位距离坝前断面的距离而加权平均求得,主要反映坝前区域的气象条件,故模型对坝前断面表层水温的模拟精度较高;而锦屏一级水库流程较长,实际的气象边界沿程存在差异,造成了模型对其余断面表层水温模拟精度的下降。从时间上看,模型能够模拟不同季节水温的年内变化规律和水温分层结构的变化过程。

由此说明,模型能够较好地模拟出水体浮力流动与大气热交换等作用对稳定分层型水库水温结构的影响,同时也能很好地模拟干支流相互影响作用下的水温结构随季节变更的变化过程。

3.5.2 水温时空分布规律

2015 年锦屏一级水电站库区垂向分布变化如图 3.11 所示。

2015 年 4—5 月,水库进入升温期,运行水位较低,来流水温逐渐升高,在库尾处形成垂向混掺,其中支库的混掺程度强于主库,至库中水体出现稳定水温分层,支库库中至汇口和汇口至坝前断面水体呈单温跃层结构,主库库中至汇口呈双温跃层结构,表层水温为 $15.4\sim19.3℃$,底层水温为 $8.8\sim9.4℃$。

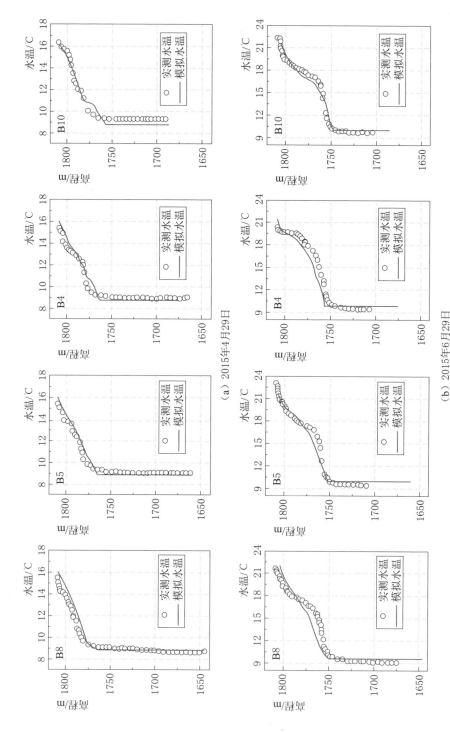

（a）2015年4月29日

（b）2015年6月29日

图 3.10（一）   锦屏一级水电站各断面实测水温与模拟水温垂向分布对比图

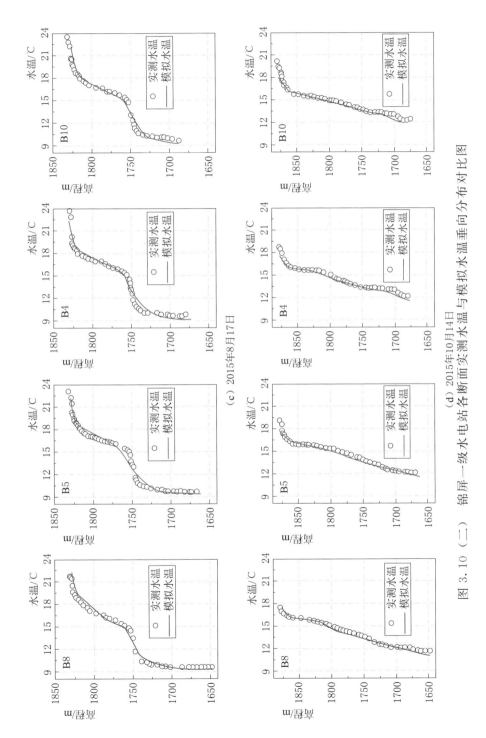

（c）2015年8月17日

（d）2015年10月14日

图 3.10（二）　锦屏一级水电站各断面实测水温与模拟水温垂向分布对比图

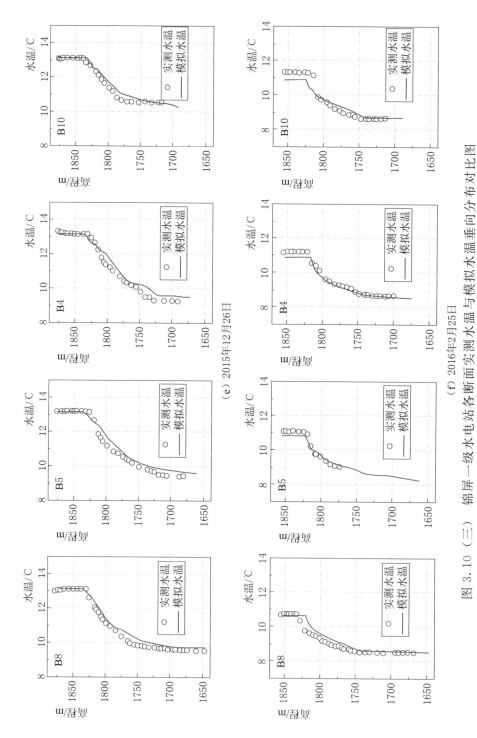

图 3.10（三）　锦屏一级水电站各断面实测水温与模拟水温垂向分布对比图

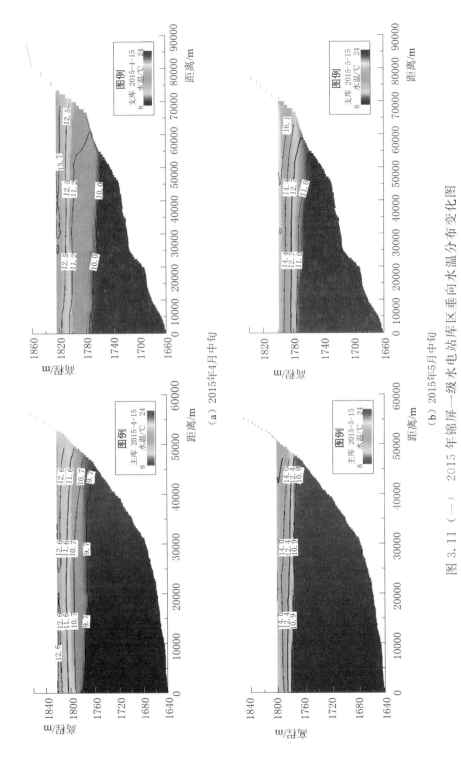

图 3.11 (一) 2015 年锦屏一级水电站库区垂向水温分布变化图

(a) 2015年4月中旬

(b) 2015年5月中旬

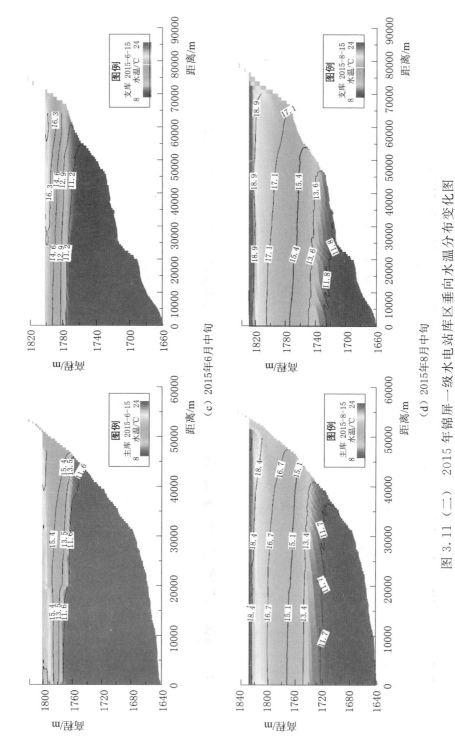

图 3.11（二）　2015 年锦屏一级水电站库区垂向水温分布变化图

52

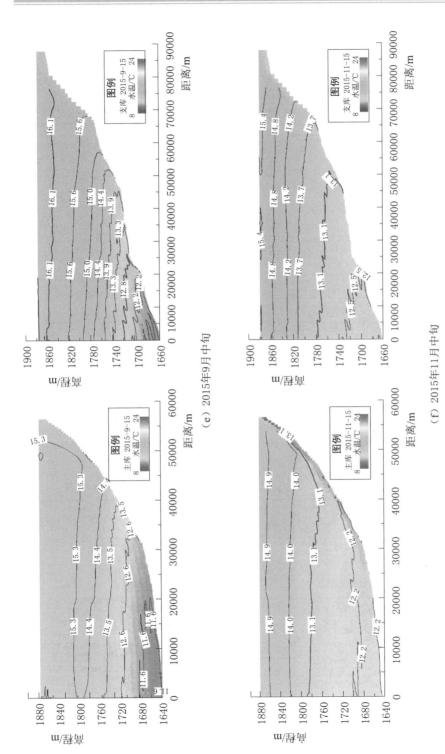

（e）2015年9月中旬

（f）2015年11月中旬

图 3.11（三） 2015 年锦屏一级水电站库区垂向水温分布变化图

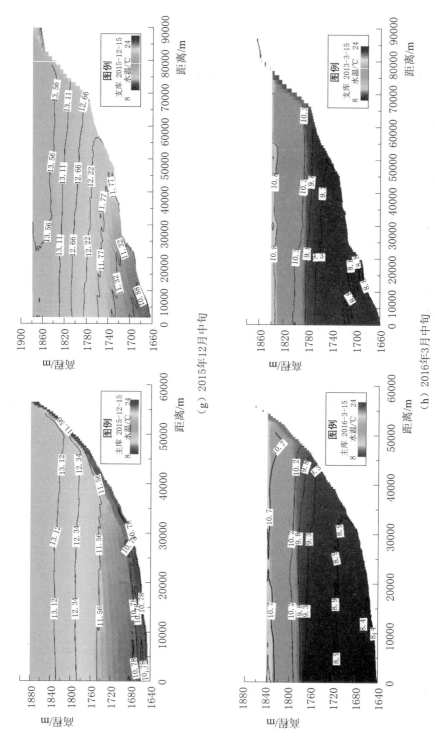

（g）2015年12月中旬

（h）2016年3月中旬

图 3.11（四）　2015年锦屏一级水电站库区垂向水温分布变化图

6—8 月，开始进入汛期，水库水位逐渐上升，除库尾外，整个库区呈现明显的双温跃层结构，第一个温跃层出现在表层，第二个温跃层出现在高程 1750～1760m 附近，库表水温随气温升高而升高，在 21～24℃之间变化，底层水温变化不大，仍旧保持在 9～10℃的较低温度。

9—11 月，进入降温期，表层水体温度随气温降低，水体垂向混掺作用增强，底层水温上升至 11.5℃以上。

12 月至翌年 3 月，水库处于低温期，入流的低温水自底部潜入，底层水温逐渐下降至 8.5～9.5℃，表层水体温度持续降低，至 2 月降至最低，约为 10.7℃。

3.6 AI 模型的水温数据集形成

利用经过验证的 EFDC 模型，计算了 108 种工况下的水库水温结构分布和下泄水温，整理输入边界和 EFDC 模拟结果，形成可供 AI 模型训练的数据集。

(1) 流量水位数据子集。本书收集到了锦屏一级水电站所在流域丰、平、枯 3 种典型水文年的月均值流量、水位数据，通过线性插值得到日流量过程及对应水位变化过程数据，主库入流量覆盖 218～3684m³/s 的范围，支库入流流量覆盖 69～1167m³/s 的流量范围，出库流量覆盖 544～4860m³/s 的流量范围。丰、平、枯 3 种典型的数据根据锦屏一级水电站所在流域 40 余年水文资料统计得到，因此基本涵盖了锦屏一级水电站在实际运行过程中可能应对的各类非极端流量场景。各典型年锦屏一级水电站运行数据如图 3.12～图 3.14 所示。

(2) 气象条件数据子集。以锦屏一级电站附近的木里、越西、盐源 3 个站点 2015 年全年的日气象数据作为设定工况输入模型，各站点的详细气象数据如图 3.15～图 3.17 所示。其中，木里站与盐源站的气压值接近，在 740～770hPa 之间波动；越西站的气压较高，在 820～843hPa 之间波动；木里站的气温变化范围为 1.6～25.3℃，

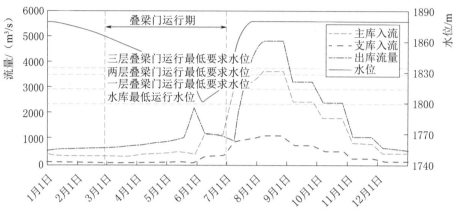

图 3.12　丰水年锦屏一级水电站运行数据

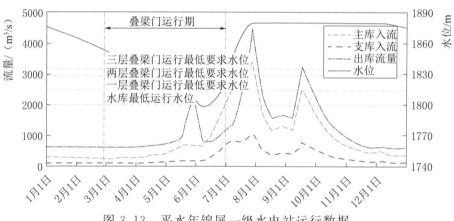

图 3.13　平水年锦屏一级水电站运行数据

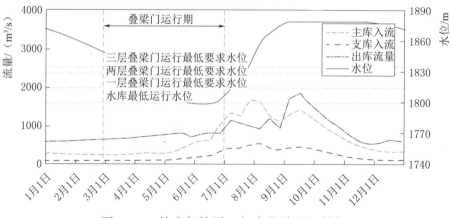

图 3.14　枯水年锦屏一级水电站运行数据

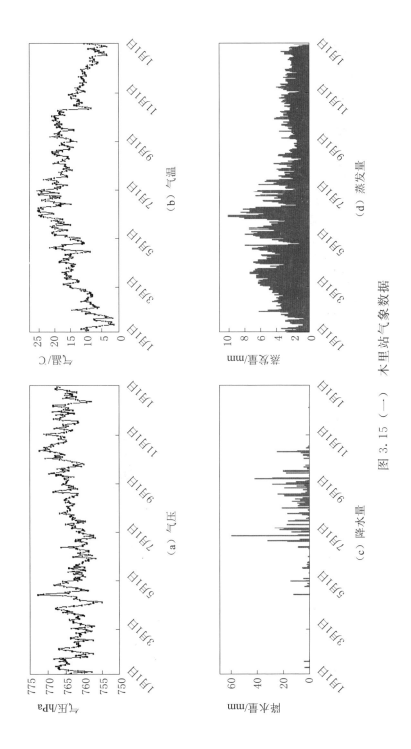

图 3.15 （一） 木里站气象数据

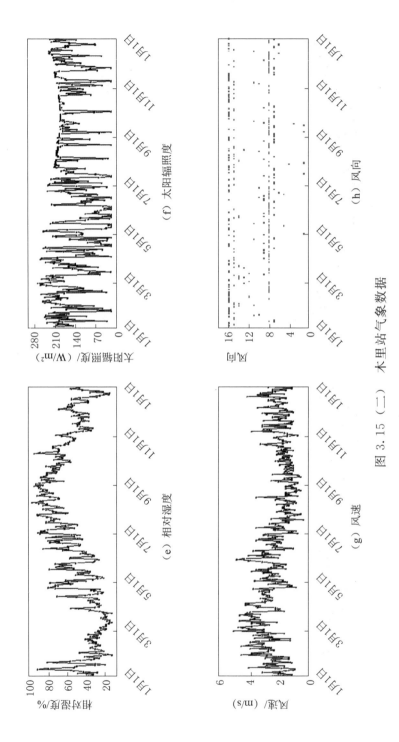

图 3.15（二） 木里站气象数据

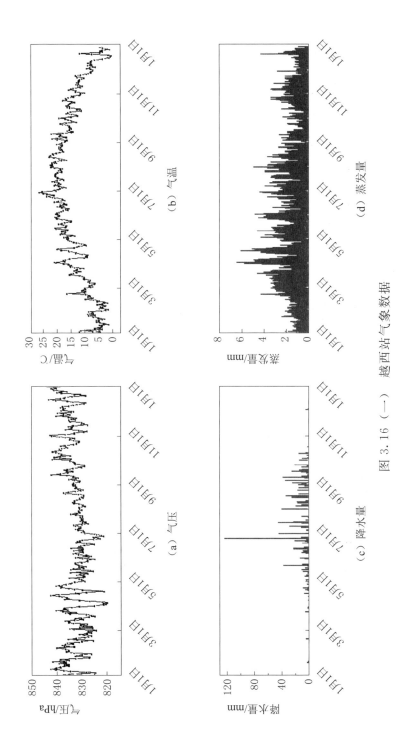

图 3.16　（一）　越西站气象数据

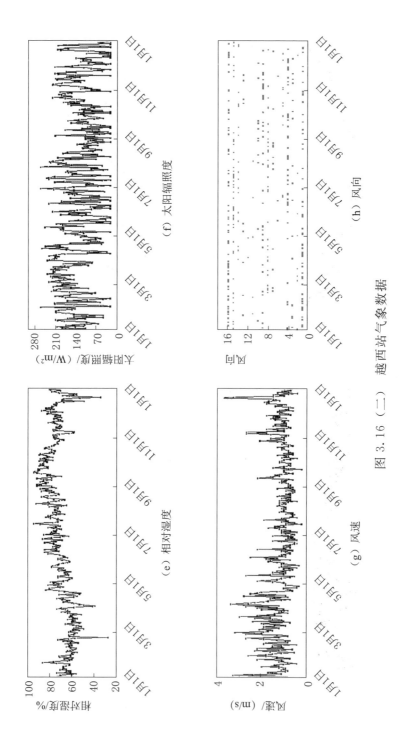

图 3.16（二） 越西站气象数据

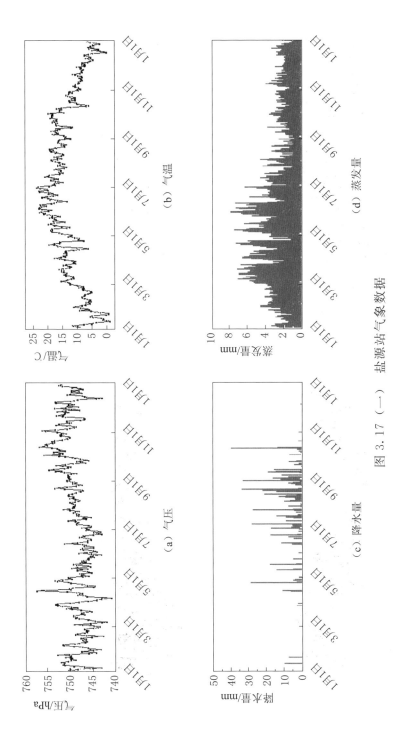

图 3.17 (一) 盐源站气象数据

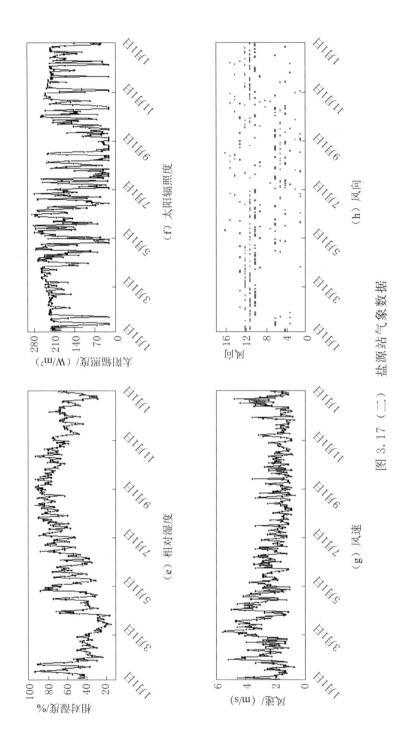

图 3.17（二） 盐源站气象数据

越西站的气温变化范围为 0.8~26.9℃，盐源站气温略低，变化范围为 -0.8~23.5℃；各站点的降水均主要集中于 5—9 月，日均降水量：木里站为 2.52mm，越西站为 3.33mm，盐源站为 2.09mm；各站点的日均蒸发量：木里站为 3.77mm，越西站为 2.25mm，盐源站为 3.34mm；木里、越西、盐源 3 个站点的平均相对湿度分别为 54.4%、71.8%、59.3%，平均太阳辐照度分别为 138.47W/m²、114.19W/m²、160.76W/m²，平均风速分别为 2.20m/s、1.19m/s、2.13m/s。

总而言之，木里、越西、盐源 3 个站点均位于锦屏一级水电站所在流域，且相对于坝址分别处于 3 个不同方向，各指标的年内变化趋势相近，具体指标值略有差异，因此认为这 3 个站点的数据能够反映锦屏一级水电站可能面临的气象场景。

（3）入流水温数据子集。以 2015 年 4 月—2016 年 3 月的实测日平均入流水温数据为基准，再分别加减 5%，设定 3 种水温工况，主库入流的水温变化范围为 2.05~21.01℃，支库入流水温的变化范围为 6.78~21.76℃，能够较为全面地覆盖锦屏一级水电站年内可能的来流水温条件。

（4）叠梁门取水方案。根据锦屏一级水电站设计运行手册，每年 3—6 月启动分层取水叠梁门设施，因此，每年的 3—6 月按照叠梁门的调度规程，结合不同年型的水位条件，共设计不启用分层取水设施、启用一层叠梁门、启用两层叠梁门和启用三层叠梁门 4 种工况，较为全面地涵盖了叠梁门的各种可运行方案。

（5）EFDC 模拟水温结构及下泄水温数据子集。设计的 108 种工况基本涵盖了锦屏一级水电站实际运行中可能应对的各类流量场景、气象场景、入流水温场景和叠梁门调度方案。将上述场景及方案作为边界条件输入经过验证的 EFDC 模型，得到对应工况下的水库水温结构数据和下泄水温数据。图 3.18 展示了不启用叠梁门工况下 EFDC 模拟得到的不同年型的下泄水温结果，模拟结果反映出在不同年型间，年内下泄水温的整体变化趋势相似，但具体变化阈值上存在不同。图 3.19 以 PCM-3 工况为例，展示了 3—6 月坝前断面水温分布的二维时空变化情况。

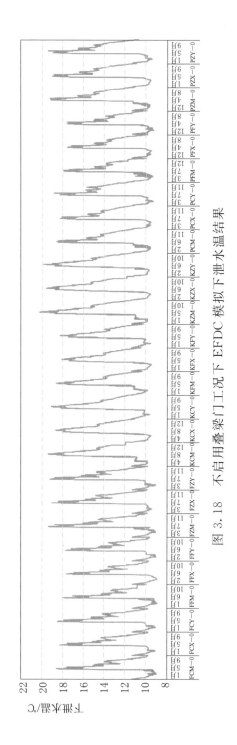

图 3.18　不启用叠梁门工况下 EFDC 模拟下泄水温结果

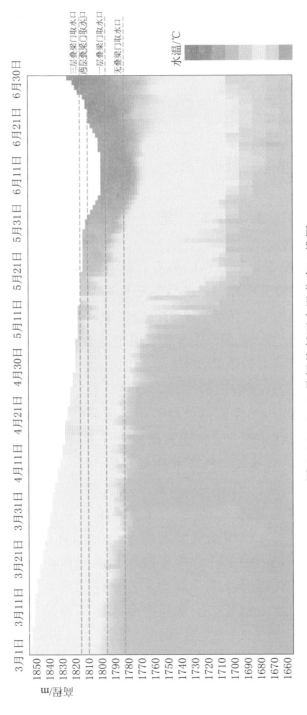

图 3.19 3—6 月坝前断面水温分布二维图

（6）数据集形成。整理上述 108 种工况下的流量数据、气象数据、水温数据、叠梁门运行数据及 EFDC 模拟得出的水库水温分布数据和下泄水温数据，使之一一对应，形成可用于 AI 模型训练的数据集。数据集可看作包含 27 种不同年型，且年内 3—6 月考虑不同叠梁门调度方案的日尺度、长序列的数据集合，数据集共包含近 2 万条一一对应的工况条件及下泄水温数据，能够反映流域的主要水温和气象特征、径流变化特征、分层取水运行方式以及上述场景下所对应的水库水温分布和下泄水温情况。

3.7　本　章　小　结

为满足 AI 模型训练对据的需求，针对锦屏一级水电站运行时间短、监测数据量有限而导致的数据短板，本章发挥 EFDC 模型在水库水温仿真模拟上的优势，基于设定工况，模拟了锦屏一级水电站在可能面临的多种场景下的下泄水温情况，建立了可用于 AI 模型训练的数据集，主要结果如下：

（1）为保证 AI 模型的训练样本充足，参照国际经验，设计了 108 种锦屏一级水电站实际运行过程中可能面临的工况场景，提出了采用具有物理意义的 EFDC 模型模拟设计工况下水库水温分布和下泄水温过程的 AI 模型训练样本补充方案。

（2）构建了基于 EFDC 的大型深水水库水温分层模拟模型，经由锦屏一级水电站的 2015 年 4 月—2016 年 3 月的实测数据校验，率定了 EFDC 水温模拟模型所需设定的水动力、热动力及气象相关参数，率定后的 EFDC 模型能够精准地模拟水体浮力流动与大气热交换等作用对稳定分层型水库水温结构的影响，同时也能精确地模拟干支流相互影响作用下的水温结构随季节变更的变化过程。

（3）利用经过验证的 EFDC 模型模拟了 108 种设计工况组合下的水库水温分布及下泄水温情况。整理设计边界工况和 EFDC 模型结果，形成了包含近 2 万条一一对应的流量数据、气象数据、水温数据、叠梁门运行数据，以及 EFDC 模拟得出的水库水温分布数据和下泄水温数据的数据集。数据集可看作包含 27 种不同年型，且年内 3—6 月考虑不同叠梁门调度方案的长序列、多场景的日尺度数据集合。

第 4 章　AI 水库水温预测模型应用

在构建完成数据训练集的基础上，本章利用 AI 算法，通过输入因子优选、参数优化，搭建了适合用于下泄水温预测的 AI 模型；并通过模型性能比选，对比分析传统机器学习算法和新型深度学习算法的性能优劣，以构建一种操作简单、响应迅速的水温快速预测模型。

4.1　基于 AI 算法的水库下泄水温模型构建

4.1.1　模型数据基础

本章以 EFDC 生成的数据集和 2015 年 4 月—2016 年 3 月锦屏一级水电站的实测数据为基础，采用"留出法"，开展了 AI 模型的构建、训练和性能测试研究。测试集为第 3 章中 FCY、PCY、KCY 工况下的数据以及锦屏一级水电站的实测数据，数据集中的其余数据均作为训练集。

4.1.2　模型精度评价指标选取

在评价指标的选择上，水温预测模型的评价指标与水库调度模型的评价指标略有区别。根据相关研究成果，本书选择误差（E）、平均绝对误差（MAE）、平均相对误差（MRE）和均方根误差（$RMSE$）4 个常用于水温预测模型效果评价的指标开展模型精度评估。计算公式如下：

$$E = X_i - T_i \tag{4.1}$$

$$MAE = \frac{1}{n}\sum_{i=1}^{n} |X_i - T_i| \qquad (4.2)$$

$$MRE = \left(\frac{1}{n}\sum_{i=1}^{n}\frac{|X_i - T_i|}{T_i}\right) \times 100\% \qquad (4.3)$$

$$RMSE = \sqrt{\frac{\sum_{i=0}^{n}(X_i - T_i)}{n}} \qquad (4.4)$$

式中：X_i 为预测值；T_i 为真值。

4.1.3 输入因子的二次筛选

对于数据挖掘型模型，输入因子的选择是影响模型精度的决定性因素之一。因此，本书基于 2.1 节的文献调研结果以及有关 AI 模型输入因子选择的研究，探究了不同输入因子下模型的性能，最终确定了适于锦屏一级水电站下泄水温预测的 AI 模型输入因子。

4.1.3.1 以下泄水温的时间序列作为输入因子

机器学习算法因其良好的非线性逼近能力，被广泛应用于时间序列的预测中。现阶段的研究认为，机器学习算法能够通过学习时间序列数据的历史变过程，挖掘出数据随时间序列的内在变化规律，从而实现对短期趋势的预测。因此，参照相关研究结果[86-87]，以前 n 时刻的下泄水温数据作为模型的输入因子，以当前时刻的下泄水温为模型的输出因子，构建基于 AI 算法的水温预测模型，并对比了 SVR、BP、RNN、LSTM、GRU5 种不同算法的性能，探究模型在水温预测领域的适用性。模型水温预测的函数关系式为：

$$y_t = f(y_{t-1}, y_{t-2}, \cdots, y_{t-n}) \qquad (4.5)$$

通过对下泄水温的自相关性分析，选定与当前时刻相关性最强的前 1~10 天的下泄水温作为模型的输入因子（见图 4.1）。

模型的预测精度统计结果见表 4.1。从预测精度的角度而言，几种 AI 模型均能很好地预测水库的下泄水温。同时，对几种模型对比可知，RNN、LSTM 和 GRU 3 种模型的预测精度高于 BP 高于 SVR，其中 LSTM 的精度最高，MAE 为 0.155℃，MRE 等于

1.23%，$RMSE$ 等于 0.231℃。

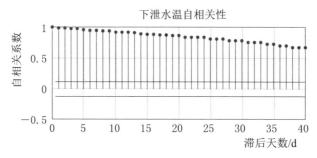

图 4.1 下泄水温自相关性分析

表 4.1 以下泄水温的时间序列作为输入因子的预测结果统计表

指标	SVR	BP	RNN	LSTM	GRU
MAE/℃	0.453	0.199	0.170	0.155	0.170
MRE/%	3.76	1.53	1.36	1.23	1.33
$RMSE$/℃	0.425	0.284	0.203	0.195	0.231

精度指数好，只能表明预测值与样本的全局误差最小。良好的模型，除了在全局误差上满足常规精度要求外，还需要能够准确模拟和预测下泄水温的变化趋势，并捕捉水温突变点等细节特征，以更好地指导水库分层取水设施运行。然而，通过对比 EFDC 模拟的水温变化过程和 AI 算法预测的水温变化过程，可以发现 AI 算法的预测精度虽然很高，但是预测结果存在明显的时滞效应。具体表现为预测值的曲线整体较 EFDC 模拟值的曲线右偏，水温上升时段的预测值大多低于模拟值，而水温下降时段的预测值大多高于模拟值，在时间上表现出一定的滞后性。通过对比，SVR 和 BP 的滞后性要高于 RNN、LSTM、GRU 3 种循环神经网络模型（见图 4.2）。

"时滞效应"是伴随着循环神经网络模型对时序问题预测案例的不断增多而逐渐被发现并引起重视的。部分专家学者在其研究中发现，在利用循环神经网络及其衍生算法进行时序预测过程中，当输入因子数、训练样本数较少，或输入因子中包含输出因子的历史信息时，易导致预测值与实测值之间存在明显的相位差，预测结果

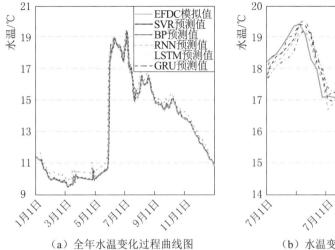

(a) 全年水温变化过程曲线图　　　　(b) 水温变化过程局部放大图

图 4.2　以时间序列下泄水温作为 AI 模型输入因子的预测结果图

表现出一定的时滞性[147]。结合神经网络和机器学习算法的原理，分析认为造成预测结果存在时滞性的原因可能是：本节构建的时间序列预测模型是根据历史水温数据而开展预测行为，历史水温数据与预测时间点的水温相关性较强，尤其是前一时刻的下泄水温与当前预测时刻的下泄水温存在很强的相关性，因此在模型训练过程中可能被赋予过大的权重系数，进而导致预测时间点的下泄水温值与前一时刻下泄水温值接近，在水温变化曲线上表现为相位右移。有研究认为，适当增加模型输入数据量，扩大 AI 模型的训练集和测试集，有助于提高模型的训练效果，减弱时滞效应；或者引入影响输出变量的其他特征因子，以稀释历史数据对预测时间点数据的影响，也有助于改善模型的预测效果，减弱时滞效应[86]。鉴于本书构建的时序预测模型输入数据量已将近两万组，继续增加数据量对模型性能的提升效果有限，且难度较大，因此本书接下来探索引入其他特征变量以减弱时滞效应的影响。

4.1.3.2　以关键影响因子的时间序列作为输入因子

本节测试了以关键影响因子的时间序列作为输入因子时模型的性能。为了探究各影响因子对下泄水温变化的驱动能力，首先以 2015 年 4 月—2016 年 3 月锦屏一级水电站的实测数据为基础，测试了各因子与下泄水温的相关性，筛选出关键影响因子。

相关性分析结果显示，下泄水温与出库流量、主库入流量、主支库入流水温、气温、太阳辐照度、取水口深度、水位的相关性随着时间的前移呈现出逐渐减弱的趋势，与出库流量和相对湿度的相关性较小，相关系数在 0.5 和 0.7 附近波动，与支库入流量和风速的相关性在前 0～20d 呈逐渐增强趋势，在 20d 前相关性系数变化微弱（见图 4.3）。此外，下泄水温与主库入流量、主支库入流水温、气温、相对湿度的相关性较高，与出库流量、支库入流量、太阳辐照度、风速、水位和取水口深度相关性较低。同时，与水位相比，取水口深度与下泄水温的相关性更强，这可能是由于锦屏一级水电站采用了分层取水设施，下泄水温受取水口深度影响更强。因此，最终选定输入因子包括前 1～10d 的下泄水温；前 0～10d 的主支库入流水温、主库入库流量、出库流量，当前时刻的气温、相对湿度、取水口深度；输出为当前时刻的下泄水温（见表 4.2）。

表 4.2　基于关键影响因子的时间序列的 AI 模型输入因子详细信息

输入因子类别	模型输入因子	单位	时　段
径流信息	主库入流量	m^3/s	需预测时段的前 0～10d
	支库入流量	m^3/s	需预测时段的前 0～10d
	水库出流量	m^3/s	需预测时段的前 0～10d
水温信息	主库入流水温	℃	需预测时段的前 0～10d
	支库入流水温	℃	需预测时段的前 0～10d
	水库下泄水温	℃	需预测时段的前 1～10d
气象信息	气温	℃	需预测时段
	相对湿度	%	需预测时段
水库运行方式	取水口深度	m	需预测时段

表 4.3 所示为模型的预测精度统计结果，从预测精度的角度而言，以关键影响因子的时间序列作为输入因子时，5 种 AI 模型能很好地预测水库的下泄水温，其中，RNN、LSTM、GRU 3 种深

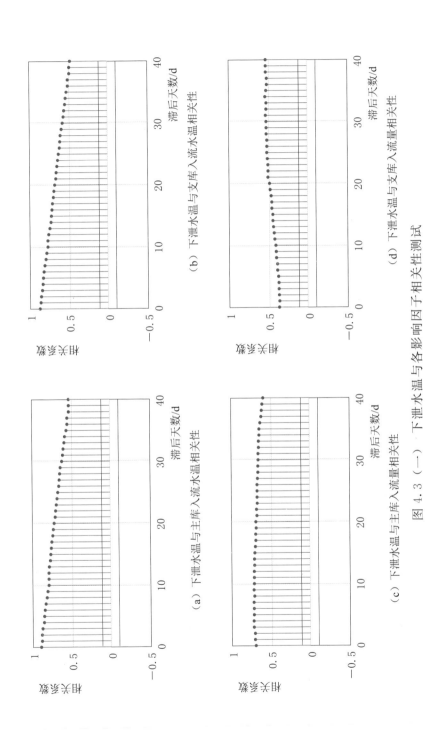

图 4.3 (一) 下泄水温与各影响因子相关性测试

(a) 下泄水温与主库入流水温相关性

(b) 下泄水温与支库入流水温相关性

(c) 下泄水温与主库入流流量相关性

(d) 下泄水温与支库入流流量相关性测试

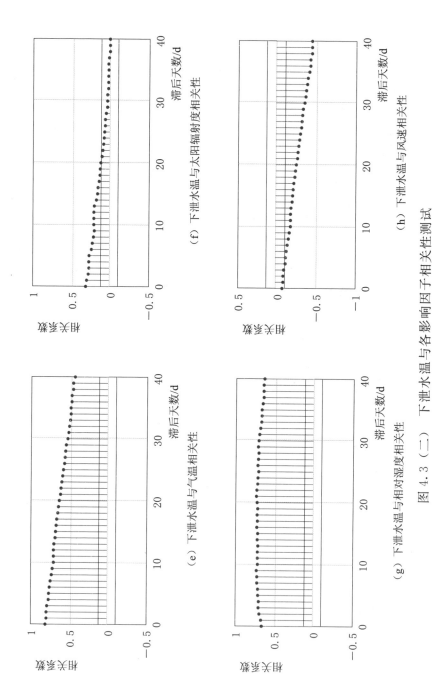

（e）下泄水温与气温相关性

（f）下泄水温与太阴辐射度相关性

（g）下泄水温与相对湿度相关性

（h）下泄水温与风速相关性

图 4.3（二）　下泄水温与各影响因子相关性测试

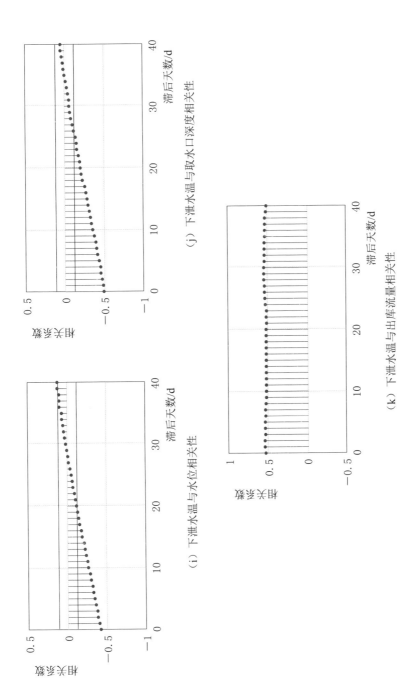

（i）下泄水温与水位相关性

（j）下泄水温与取水口深度相关性

（k）下泄水温与出库流量相关性

图 4.3（三） 下泄水温与各影响因子相关性测试

度学习模型的预测精度高于 BP，并显著高于 SVR。对 3 种深度学习模型进行对比，LSTM 模型的预测精度最高，其 *MAE* 等于 0.155℃，*MRE* 等于 1.27％，*RMSE* 等于 0.168℃。

表 4.3　以关键影响因子的时间序列作为输入因子的预测结果统计表

指标	SVR	BP	RNN	LSTM	GRU
MAE/℃	0.430	0.267	0.193	0.155	0.192
MRE/%	3.42	2.09	1.52	1.27	1.47
RMSE/℃	0.469	0.354	0.218	0.168	0.296

　　然而，通过对比水温变化过程，发现 AI 算法预测结果的时滞效应虽有所减弱，但 AI 算法预测值曲线较 EFDC 模拟值曲线仍呈现出整体右偏的现象（见图 4.4）。由此说明，引入其他特征变量后，模型的滞后性虽有一定程度的改善，但仍未完全消除，同时由于引入了其他变量，影响模型输出的因子条件更为复杂，与单纯的以历史下泄水温为输入因子相比，模型的预测精度反而有所降低，这其中 BP 神经网络的预测精度下降幅度最大，3 种深度学习网络的预

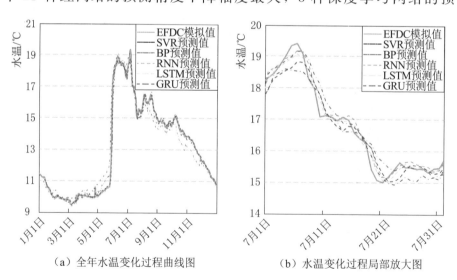

（a）全年水温变化过程曲线图　　　　（b）水温变化过程局部放大图

图 4.4　以关键影响因子的时间序列作为 AI 模型
输入因子的预测结果图

测精度也略有下降，SVR 的模型精度变化不大，略有提高。造成上述现象的可能原因为：虽然本次模型构建过程中，引入了其他与下泄水温相关的特征变量，一定程度上稀释了历史下泄水温对当前时间节点下泄水温的影响，但是由于下泄水温的自相关性过强，在模型训练过程中依旧会被赋予较大的权重值，导致预测时间点的水温与前一时刻水温值接近。同时，以这种方式构建的水温预测模型，输入因子过于复杂，不利于模型的实际应用。

4.3.1.3 以关键影响因子作为模型输入因子

鉴于以下泄水温的时间序列和关键影响因子的时间序列作为模型输入因子均难以取得满意的水温预测结果，本书继续转换建模思路，不直接探究下泄水温时序累积效应，从水温变化的物理机理出发，构建下泄水温的预测方法。根据 2.1 节的文献调研结果，影响水库下泄水温的因素主要包括水库基本特征参数、运行方式、气象条件、入流水温等。因此，本书考虑以当前时刻水库的主、支库入流量，主、支库入流水温，出库流量，叠梁门运行方式，取水口深度，气温，太阳辐照度，相对湿度，以及风速等影响下泄水温的关键因子作为模型的输入因子，构建下泄水温预测模型。同时，由于水库的调度运行、叠梁门的启闭规程与年内所处的月份息息相关，月份信息中也包含了季节更替以及升温期、降温期更替等水温变化信息，因此，将所处月份作为表征水温时序性的变量纳为模型输入因子。综上所述，详细的输入因子信息见表 4.4。

表 4.4　基于关键影响因子的 AI 模型输入因子详细信息

输入因子类别	模型输入因子	单位	时　刻
时间信息	所处月份		需预测时段
径流信息	主库入流量	m^3/s	需预测时段
	支库入流量	m^3/s	需预测时段
	出库流量	m^3/s	需预测时段

续表

输入因子类别	模型输入因子	单位	时　刻
水温信息	主库入流水温	℃	需预测时段
	支库入流水温	℃	需预测时段
气象信息	气温	℃	需预测时段
	太阳辐照度	W/m²	需预测时段
	风速	m/s	需预测时段
	相对湿度	%	需预测时段
水库运行方式	水位	m	需预测时段
	取水口深度	m	需预测时段
	叠梁门运行方式		需预测时段

以关键影响因子作为输入因子的 AI 模型预测结果统计预测见表 4.5。与前两种输入因子相比，以关键影响因子作为输入因子所构建的 BP、RNN、LSTM、GRU 4 种神经网络模型，预测精度均有所降低，SVR 模型的预测精度变化不大，这可能是以下泄水温的时间序列和以关键因子的时间序列作为输入因子的 SVR 模型精度均不是很高的缘故。对比 4 种神经网络模型，BP 的预测精度下降最为明显，与前两种输入因子的模型相比，MAE 值升高了约 0.4℃，MRE 值升高了约 3 个百分点，$RMSE$ 值升高了约 0.6℃。3 种深度学习模型的预测精度降低也略有降低，MAE 值升高了约 0.1℃或不到 0.1℃，MRE 值升高了约 0.5 个百分点，$RMSE$ 值也升高了约 0.1℃，但是总体而言，3 种深度学习模型仍能保持较高的预测精度，取得令人满意的预测结果，这可能是由传统神经网络和新型深度学习网络在模型结构和训练方式上的差异造成的。本节构建的 AI 模型，以关键影响因子作为输入因子预测下泄水温，模型输入因子对输出变量的驱动机理复杂，传统的神经网络模型可能难以建立这种复杂非线性问题之间的函数关系，给出精确的求解，而深度学习网络更善于求解此类复杂非线性问题，因此能够取得较为精确的预测结果。

表 4.5 以关键影响因子作为输入因子的 AI 模型预测结果统计表

指标	SVR	BP	RNN	LSTM	GRU
MAE/℃	0.406	0.655	0.249	0.261	0.274
MRE/%	3.20	5.15	1.88	1.91	1.98
RMSE/℃	0.535	0.914	0.329	0.355	0.372

对比水温变化过程发现，5 种 AI 算法的预测值与 EFDC 的模拟值之间未再显示出明显的滞后性，同时各算法对水温预测的趋势性良好，能够模拟水温的年内变化趋势过程；5 种算法相比，RNN、LSTM 和 GRU 模型对水温变化过程的拟合度最高（见图 4.5）。

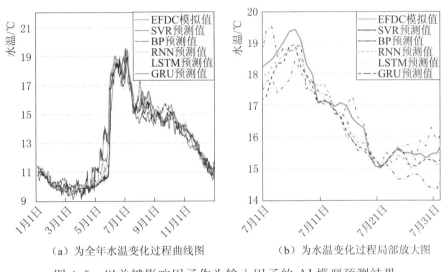

（a）为全年水温变化过程曲线图　　　　（b）为水温变化过程局部放大图

图 4.5 以关键影响因子作为输入因子的 AI 模型预测结果

综上，以水库径流特征、水温特征、水库运行方式、流域气象条件等关键因子，预测水库下泄水温的建模思路是可行的。在此基础上，本书继续开展了模型的参数优化，以进一步提升模型的性能。

4.1.4　SVR 模型参数优选

对于 SVR 模型，核函数的选择是影响其性能的关键。核函数的引入，是为了将输入空间中线性不可分的训练样本集映射到特征空间中，使其在特征空间中线性可分，这样即可在特征空间中采用线性分类机对样本集加以划分，而不需要知道其非线性变换过程以及对应的特征空间形式。

SVR 模型常用的核函数有 Linear、Polynomial、RBF、Sigmoid 4 种。本书利用网格搜索法探寻不同核函数条件下的 SVR 模型的最优参数组合，并对比其性能。由式（2.1）～式（2.9）可知，4 种核函数的计算过程均涉及惩罚函数 C，此外，核函数 Polynomial 还涉及参数 $gamma$ 和多项式次数（$degree$），核函数 RBF 和 Sigmoid 还涉及参数 $gamma$。因此，本书分别设定 C 的搜索范围为在 0.001～1000 之间等比选取 40 个数值，γ 为在 0.001～1000 范围内等比选取 40 个数值，$degree$ 为 2、3、4。综上，Linear 核函数共测定参数组合 40 组，RBF 和 sigmoid 核函数共测定参数组合 1600 组，Polynomial 共测定参数 3600 组。

表 4.6 所示为最优参数条件下不同核函数的 SVR 模型性能。对于锦屏一级水电站下泄水温预测，核函数 Linear 的最优惩罚函数值 C 为 0.289，MAE 值为 0.966℃，$RMSE$ 值为 1.394，训练耗时为 131.553min。核函数 Polynomial 的最优惩罚函数值 C 为 112.88，$gamma$ 值为 1.438，$degree$ 值为 2，此时的模型精度指标 MAE 值为 0.913℃，$RMSE$ 值为 1.296℃，训练耗时为 388.795min。核函数 Sigmoid 的最优惩罚函数值 C 为 233.572，$gamma$ 值为 0.001，在此条件下，模型的精度指标 MAE 为 0.967℃，$RMSE$ 为 1.394℃，模型训练耗时为 194.195min。RBF 核函数的最佳参数设定组合为：C 等于 12.743，$gamma$ 值等于 0.695；在最优参数条件下，模型的预测精度指标 MAE 为 0.408℃，$RMSE$ 为 0.526℃，训练耗时为 260.769min。

表 4.6　最优参数条件下不同核函数的 SVR 模型性能对比

核函数	C	$gamma$	$degree$	MAE/℃	$RMSE$/℃	训练耗时/min
Linear	0.289			0.966	1.394	131.553
Polynomial	112.88	1.438	2	0.913	1.296	388.795

续表

核函数	C	gamma	degree	MAE/℃	RMSE/℃	训练耗时/min
Sigmoid	233.572	0.001		0.967	1.394	194.195
RBF	12.743	0.695		0.408	0.526	260.796

由此可见，不同核函数的 SVR 模型预测精度和计算耗时差异巨大，4 种核函数中，RBF 核函数精度最高，其余 3 种核函数的精度均较低，但同时 RBF 模型的计算耗时也相对较高。相关专家的研究成果也佐证了这一结论，大部分研究报道认为，RBF 是最合适的核函数，更易于取得高精度的预测结果[88]。但是，核函数的技术研究表明，任何核函数都有其各自的优点和局限性，由于模型训练样本及其结构的不同，核函数对样本的分类能力也不同[89-91]。Sigmoid 核函数源于神经网络，具有良好的全局分类性能[17,92]。本书的研究结果显示，对于锦屏一级水电站的下泄水温预测模型，可能由于数据样本量较大，且涉及叠梁门运行等复杂调度过程和水体热交换过程，因此 RBF 展现出更优的分类性能。因此，后文中所构建的 SVR 模型均采用 RBF 核函数进行训练。

4.1.5　神经网络模型主要参数优选

神经网络模型可优选的结构参数有隐层层数、隐层节点数、迭代次数和训练批量值。

4.1.5.1　隐层层数的选择

BP、RNN、LSTM、GRU 等神经网络模型性能的优劣与隐层层数密切相关。一般认为，增加隐层数有助于发掘数据的深层次特征，提高模型精度，但随着隐层数的增加模型的结构趋于复杂，训练耗时随之增大，出现梯度消失和过拟合现象的概率也相应增加。

因此，本书在保持其余参数设定一致的前提下，分别设置隐层数为 1~10 层，对比分析不同层数设定对模型性能的影响。同时，每种设定重复运行 20 次，以消除随机性误差；所有模型测试实验在同一台服务器上开展，以避免因设备差异造成的模型性能差异。实验结果以小提琴图的形式进行了统计，小提琴图是箱线图与核密度图的结合，内部的箱线图展示分位数的位置，外部的核密度图概率密度分布，通过小提琴图可以明晰不同层数下各模型的模拟精度及分布规律。

研究结果显示，对于 BP 模型，在隐层数从 1 层增加到 4 层的过程中，模型平均精度呈逐渐提高趋势，但提高的幅度不大；在隐层数从 5 层增加到 10 层的过程中，模型的 MAE 呈逐渐增大趋势，模型精度随隐层数的增加逐渐降低，且降低趋势明显；同时，随着隐层层数的逐渐增加，模型精度的分布范围逐渐变广 [见图 4.6(a)]。对于 3 种循环神经网络模型，随着隐层数的增加，模型精度的变化过程可分为两个阶段。第一阶段，在隐层数较小时，随隐层数增加模型的 MAE 值逐渐减小；其中，当隐层数由 1 层增加到 2 层时，各模型精度的升幅最为明显；3 种模型对比来看，RNN 模型精度的提高程度最为明显，在隐层数从 1 增加到 6 的过程中，MAE 值呈现出近似指数下降的趋势，当隐层数为 6 时，模型的精度达到最高；对于 LSTM 和 GRU 模型，在隐层数从 1 增加到 5 的过程中，模拟精度随隐层数的增加逐渐提高，当隐层数等于 5 时，模型平均精度最高，但相比与 RNN 模型，精度提高的幅度较小。第二阶段，隐含层增加到一定值后，随着隐层数的增加模型精度呈现出轻微的降低趋势；对于 RNN 模型，在隐层数从 7 增加到 10 的过程中，模型精度呈微弱的下降趋势；对于 LSTM 和 GRU 模型，在隐层数从 6 增加到 10 的过程中，模型精度整体呈微弱下降趋势 [见图 4.6(b)]。

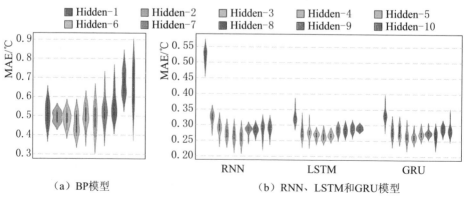

图 4.6　神经网络模型精度随隐层数变化图

造成上述结果的原因可能是：对于 BP，由于模型的训练采用误差反向传播算法，利用"链式求导法则"，反向调整权重梯度、修正误差。因此隐含层数增多后，梯度在传播过程中会逐渐消失，这种现象被称之为梯度消失或梯度弥散。梯度弥散会导致无法有效调整前几个网络层的权重，进而造成隐层数虽然增加，但模型的精度难以得到有效的提高，反而在隐层数达到一定值之后，模型精度迅速降低。深度学习网络改用分层训练机制，采用无监督逐层训练、多层堆叠，有监督整体微调的结构设计，这种训练方式可以实现多层神经网络的有效训练，逐层提取数据特征，组合底层特征形成更加抽象的高层特征，最终揭示数据对象的特征分布规律[153]。因此，随着网络层数的增加，模型精度会出现一个显著提升的过程。然而，隐层层数达到一定值后，随着网络层数的再次加深，模型预测精度依然会表现出下降趋势。这也说明，深度学习网络虽然通过训练方法的改进，在一定程度上尽量避免了梯度弥散问题，但并没有从根本上解决。

模型的训练耗时与计算机的性能密切相关，因此，为保证对比结果的有效性，所开展的模型实验均在同一台电脑上完成计算。实验结果显示，随着隐含层层数的增加，各模型的训练耗时从几分钟增加到几十分钟不等，其中，BP 模型的计算耗时增幅明显高于 3 种循环神经网络模型；而 3 种循环神经网络模型相比，LSTM 模型的计算耗时增幅高于 GRU 模型及 RNN 模型（图 4.7）。这是由于随着隐含层层数的增加，网络拓扑结构的复杂度增加，模型的计算流程增长，计算量加大，训练耗时显著增加。对于 BP 模型，受训练方法所限，随着隐层层数的增加，模型的权重阈值的调节难度迅速加大，因此模型的计算耗时显著增加。造成 3 种循环神经网络模型计算耗时增加速率差异的原因可能是由于 3 种模型的内部结构，研究结果表明，计算耗时的增加率与各模块内部结构的复杂程度成正比，LSTM 模块内部结构最为复杂，计算难度最大，GRU 次之，相比之下 RNN 的计算过程最为简单，因此隐含层层数增加对 LSTM 的计算速率的影响高于 GRU 及 RNN［图 4.7(b)］。

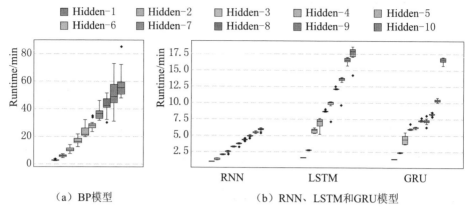

（a）BP模型　　　　　　（b）RNN、LSTM和GRU模型

图 4.7　神经网络模型计算耗时随隐层数变化图

综上所述，鉴于隐层数的增加对 BP 精度的改善不大，反而会造成计算量的成倍增加，因此本书构建的 BP 模型均为一个隐含层。而对于 3 种循环神经网络模型，隐层数的增加可以有效地提高模型精度，因此，结合实验结果，后文构建的 RNN 设置 6 个隐含层，LSTM 和 GRU 模型设置 7 个隐含层。

4.1.5.2　隐层节点数和迭代次数的选择

参数设定一直是 AI 模型性能研究的焦点问题。对于神经网络而言，隐层节点数和迭代次数是影响模型精度的关键参数。因此，本书在合理设定隐含层的前提下，继续探究了隐层节点数和迭代次数对模型性能的影响，对模型的参数设定进行了优选。其中，隐层节点数设定范围为 2～40，间隔为 2；BP 神经网络的迭代次数设定范围为 1～2000 次，1～100 次之间间隔为 10 次，100～2000 次之间间隔为 100 次；其余 3 种模型的迭代次数设定范围为 1～500 次，1～10 次的范围内间隔为 1 次，10～30 次的范围内间隔为 5 次，30～100 次的范围内间隔为 10 次，100～500 次的范围内间隔为 100 次，每个模型共计 580 组参数组合，同时为降低随机性误差，每种参数组合平行运行 3 次，求取结果的平均值用以统计分析。

（1）本书从预测精度方面分析了参数设定对模型性能的影响。研究结果显示，无论对于何种时间尺度或是何种神经网络模型，隐层节点数和迭代次数对模型精度的影响均存在相似之处：①隐层节点数较大时模型更容易收敛；②迭代次数主要影响模型的模拟精度，在隐层节点设定合适的条件下，随着迭代次数的增加模型更容易取得高精度的模拟结果，但当迭代次数达到一定值后，其继续增加对模型精度的提升意义不大（见图 4.8）。

各模型取得最优模拟结果所需的参数范围有所差异。BP 模型收敛所需的迭代次数最多；RNN、LSTM、GRU 模型收敛所需的迭代次数较少（图 4.8）。具体而言，对于 BP，隐层节点数在 18～40 的范围内，随着迭代次数的增加模型更容易收敛，精度最高时的 MAE 值为 0.585，此时 BP 的隐层节点为 32，迭代次数为 2000 次。对于 RNN，隐层节点数在 6～40 的范围内，模型均很容易收敛，模型收敛所需的迭代次数约为 200 次，最优结果在隐层节点数为 26、迭代次数为 500 次时取得，其 MAE 值为 0.253。对于 LSTM，当隐层节点数大于 6 时，模型均较为容易收敛模型，收敛所需的最小迭代次数约为 150，其中精度最高的模拟结果在隐层节点数为 32、迭代次数为 500 次时取得，其 MAE 值为 0.260。与 RNN 和 LSTM 相似，对于 GRU 模型，当隐层节点数大于 6 时，模型均较为容易收敛，收敛所需的最小迭代次数约为 150 次，精度最高时为 MAE 值为 0.250，此时的隐层节点数为 32，迭代次数为 500 次（图 4.8）。由此可见，深度学习模型收敛所需的迭代次数小于 BP，且特征提取能力强于 BP，能够确保模型能够更高效、精准地提取数据的深层特征信息，快速完成收敛过程，取得显著优于 BP 的预测结果。

（2）本书分析了参数设定对模型计算耗时的影响。迭代次数增加必然导致计算耗时的增加，这一点是毋庸置疑的，因此本节重点关注了隐层节点数对模型计算耗时的影响。结果显示，随着隐层节点数的增加，各模型的计算耗时整体均呈现出增加趋势（见图 4.9）。这可能是由于隐层节点数增加，模型的计算过程更为复杂，因而计算耗时增大。

其中，BP 的增长速率为 0.173，高于 3 种循环神经网络模型。

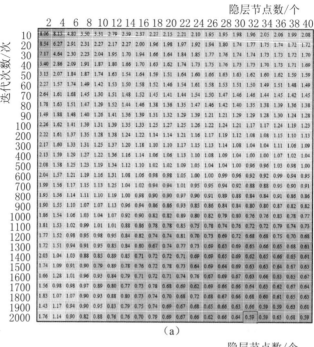

图 4.8（一）　神经网络模型精度随隐层节点数和迭代次数变化图

隐层节点数/个

(c)

迭代次数/次	2	4	6	8	10	12	14	16	18	20	22	24	26	28	30	32	34	36	38	40
1	2.95	2.83	2.81	2.75	2.70	2.59	2.57	2.51	2.44	2.40	2.23	2.23	2.26	2.24	2.03	2.11	2.08	1.95	1.99	1.85
2	2.72	2.61	2.56	2.45	2.30	1.87	1.93	1.66	1.48	1.49	1.51	1.52	1.48	1.56	1.54	1.42	1.47	1.45		
3	2.64	2.44	2.23	1.85	1.93	1.42	1.41	1.34	1.30	1.37	1.35	1.35	1.38	1.42	1.39	1.43	1.40	1.40	1.42	1.44
4	2.61	2.09	1.48	1.35	1.36	1.31	1.31	1.28	1.26	1.31	1.30	1.30	1.30	1.34	1.33	1.34	1.34	1.33	1.34	1.38
5	2.57	1.68	1.17	1.22	1.27	1.26	1.26	1.21	1.21	1.27	1.26	1.21	1.25	1.21	1.28	1.21	1.29	1.32		
6	2.52	1.39	1.13	1.16	1.23	1.22	1.21	1.18	1.20	1.19	1.19	1.19	1.18	1.20	1.21	1.19	1.20	1.24	1.21	
7	2.38	1.29	1.12	1.15	1.20	1.20	1.19	1.18	1.15	1.19	1.19	1.19	1.18	1.19	1.20	1.19	1.18	1.21	1.21	
8	2.08	1.23	1.12	1.14	1.18	1.18	1.15	1.15	1.12	1.16	1.16	1.15	1.17	1.14	1.16	1.15	1.16	1.17		
9	1.72	1.17	1.11	1.12	1.17	1.16	1.11	1.09	1.12	1.13	1.13	1.12	1.13	1.10	1.13	1.11	1.11	1.12	1.12	
10	1.49	1.17	1.10	1.09	1.15	1.13	1.09	1.08	1.05	1.08									1.06	1.07
15	1.23	1.08	1.07	0.95	1.06	1.01	0.90	0.88	0.88	0.84	0.92	0.93	0.94	0.92	0.87	0.91	0.88	0.90	0.88	0.85
20	1.13	0.99	1.01	0.81	0.92	0.87	0.78	0.76	0.79	0.75	0.80	0.79	0.84	0.82	0.78	0.80	0.79	0.82	0.79	0.77
25	1.04	0.89	0.91	0.72	0.69	0.76	0.71	0.73	0.70	0.77	0.75	0.73	0.73	0.74	0.76	0.75	0.72			
30	0.99	0.76	0.81	0.69	0.68	0.70	0.68	0.68	0.69	0.66	0.72	0.69	0.71	0.70	0.69	0.69	0.71	0.72	0.71	0.69
40	0.89	0.67	0.67	0.66	0.64	0.65	0.64	0.63	0.64	0.62	0.67	0.64	0.66	0.66	0.65	0.66	0.66	0.67	0.64	0.65
50	0.85	0.65	0.63	0.63	0.62	0.62	0.62	0.61	0.60	0.59	0.64	0.60	0.63	0.63	0.62	0.63	0.64	0.60	0.62	
60	0.83	0.63	0.62	0.60	0.61	0.60	0.59	0.60	0.59	0.54	0.59	0.56	0.62	0.59	0.56	0.58	0.53	0.58	0.38	
70	0.80	0.60	0.60	0.59	0.59	0.59	0.58	0.57	0.59	0.54	0.59	0.56	0.56	0.56	0.54	0.55	0.54	0.49	0.53	
80	0.77	0.58	0.59	0.58	0.58	0.58	0.57	0.55	0.56	0.51	0.56	0.52	0.56	0.32	0.51	0.36	0.53	0.48	0.47	0.49
90	0.70	0.56	0.57	0.57	0.57	0.56	0.54	0.53	0.48	0.53	0.50	0.52	0.50	0.47	0.45	0.49	0.45	0.45	0.47	
100	0.65	0.55	0.56	0.53	0.51	0.54	0.50	0.50	0.54	0.50	0.47	0.48	0.50	0.44	0.45	0.47	0.46	0.43	0.44	
150	0.58	0.51	0.51	0.48	0.47	0.47	0.42	0.40	0.38	0.38	0.39	0.38	0.98	0.38	0.89	0.38	0.37	0.38	0.37	
200	0.55	0.48	0.45	0.42	0.40	0.38	0.37	0.36	0.34	0.25	0.36	0.34	0.35	0.35	0.35	0.35	0.35	0.35	0.05	
250	0.52	0.45	0.42	0.38	0.33	0.33	0.32	0.31	0.34	0.33	0.34	0.33	0.33	0.33	0.33	0.33	0.35	0.33		
300	0.50	0.43	0.39	0.30	0.34	0.34	0.32	0.31	0.32	0.32	0.32	0.32	0.32	0.32	0.31	0.31	0.29	0.31		
350	0.48	0.42	0.35	0.34	0.31	0.33	0.33	0.30	0.36	0.30	0.30	0.31	0.30	0.28	0.29	0.30	0.27	0.29		
400	0.47	0.40	0.34	0.32	0.31	0.31	0.31	0.30	0.30	0.30	0.30	0.30	0.28	0.27	0.29	0.28	0.28	0.27		
450	0.45	0.38	0.32	0.32	0.29	0.30	0.31	0.29	0.29	0.29	0.29	0.29	0.28	0.27	0.29	0.28	0.27	0.27		
500	0.44	0.37	0.32	0.32	0.27	0.28	0.28	0.27	0.28	0.27	0.27	0.27	0.28	0.26	0.27	0.27	0.27	0.27		

隐层节点数/个

(d)

迭代次数/次	2	4	6	8	10	12	14	16	18	20	22	24	26	28	30	32	34	36	38	40
1	2.76	2.71	2.57	2.38	2.41	2.42	2.26	2.23	1.93	1.77	1.79	1.64	1.66	1.61	1.47	1.53	1.64	1.50	1.60	1.57
2	2.55	2.53	2.12	1.72	1.74	1.65	1.42	1.43	1.35	1.45	1.45	1.37	1.51	1.51	1.44	1.47	1.48	1.43	1.45	
3	2.44	2.23	1.73	1.29	1.32	1.30	1.34	1.35	1.35	1.45	1.36	1.37	1.37	1.42	1.44	1.43	1.47	1.40		
4	2.29	1.67	1.36	1.23	1.25	1.24	1.28	1.28	1.29	1.20	1.30	1.32	1.34	1.33	1.37	1.33				
5	2.07	1.38	1.27	1.19	1.18	1.22	1.19	1.19	1.18	1.18	1.19	1.16	1.18	1.19						
6	1.78	1.33	1.24	1.16	1.15	1.19	1.16	1.16	1.15	1.18	1.15	1.19	1.19	1.19	1.18					
7	1.48	1.29	1.22	1.13	1.13	1.17	1.14	1.17	1.15	1.16	1.13	1.17	1.12	1.08	1.12	1.12	1.12	1.14	1.14	
8	1.35	1.27	1.21	1.10	1.31	1.15	1.10	1.14	1.10	1.11	1.13	1.07	1.04	1.06	1.02	1.04	1.03	1.00	1.05	1.06
9	1.31	1.25	1.19	1.07	1.08	1.09	1.05	1.06	1.06	1.06	1.06	1.00	1.01	0.97	0.95	0.94	0.92	0.94	0.98	
10	1.29	1.23	1.18	1.04	1.06	1.09	1.02	1.01	1.04	0.94	0.97	0.97	0.93	0.93	0.89	0.90	0.90	0.90		
15	1.18	1.10	1.07	0.89	0.91	0.86	0.87	0.93	0.90	0.86	0.85	0.83	0.85	0.83	0.82	0.81	0.81	0.82	0.90	0.81
20	1.05	0.96	0.89	0.80	0.77	0.78	0.79	0.81	0.84	0.79	0.80	0.80	0.80	0.77	0.76	0.76	0.75	0.74	0.75	
25	0.89	0.90	0.76	0.74	0.70	0.73	0.75	0.75	0.73	0.68	0.72	0.70	0.71	0.68	0.68	0.69	0.68	0.68	0.66	0.67
30	0.79	0.86	0.71	0.72	0.68	0.69	0.71	0.70	0.68	0.72	0.70	0.71	0.68	0.68	0.69	0.68	0.68	0.66	0.67	
40	0.73	0.72	0.66	0.68	0.61	0.64	0.64	0.61	0.67	0.62	0.65	0.62	0.63	0.61	0.60	0.64	0.59	0.58	0.57	
50	0.70	0.67	0.63	0.64	0.58	0.61	0.63	0.60	0.56	0.56	0.56	0.62	0.58	0.55	0.51	0.56	0.53	0.51		
60	0.67	0.65	0.61	0.60	0.55	0.56	0.56	0.56	0.56	0.52	0.53	0.48	0.53	0.44	0.50	0.47	0.50	0.46		
70	0.66	0.64	0.58	0.58	0.51	0.53	0.51	0.51	0.55	0.54	0.48	0.53	0.46	0.44	0.43	0.46	0.43	0.47		
80	0.64	0.62	0.56	0.56	0.49	0.49	0.47	0.48	0.47	0.49	0.44	0.46	0.42	0.45	0.41	0.44	0.43	0.44		
90	0.63	0.61	0.56	0.52	0.49	0.47	0.42	0.46	0.45	0.39	0.45	0.45	0.44	0.43	0.42	0.41	0.43			
100	0.62	0.59	0.52	0.50	0.44	0.45	0.42	0.44	0.46	0.46	0.42	0.44	0.44	0.42	0.41	0.41	0.43			
150	0.58	0.53	0.44	0.40	0.37	0.35	0.37	0.36	0.34	0.38	0.36	0.36	0.36	0.37	0.49	0.38	0.37			
200	0.55	0.46	0.38	0.37	0.34	0.33	0.34	0.33	0.33	0.35	0.33	0.33	0.32	0.35	0.33	0.36	0.35			
250	0.52	0.42	0.35	0.33	0.31	0.33	0.31	0.32	0.31	0.32	0.30	0.32	0.32	0.32	0.27	0.30	0.31			
300	0.51	0.38	0.33	0.32	0.29	0.31	0.30	0.29	0.30	0.30	0.29	0.32	0.28	0.29	0.30	0.29	0.31			
350	0.50	0.36	0.32	0.31	0.28	0.30	0.29	0.28	0.29	0.29	0.28	0.30	0.27	0.28	0.28	0.27	0.29			
400	0.49	0.34	0.31	0.31	0.27	0.28	0.27	0.27	0.28	0.28	0.27	0.28	0.27	0.27	0.27	0.27				
450	0.47	0.33	0.30	0.30	0.27	0.27	0.27	0.27	0.28	0.27	0.27	0.28	0.26	0.27	0.27	0.27				
500	0.47	0.33	0.30	0.30	0.26	0.27	0.27	0.26	0.27	0.27	0.27	0.27	0.26	0.27	0.27	0.27				

0.2 0.3 0.4 0.5 0.6 0.7 0.8 0.9 1 2 3 4 5 6 7 8

图 4.8（二） 神经网络模型精度随隐层节点数和迭代次数变化图

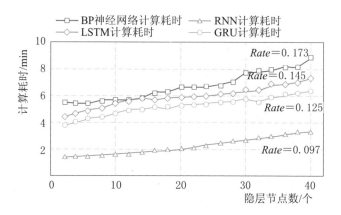

图 4.9　神经网络模型计算耗时随隐层节点数变化图

这可能是 BP 收敛所需的迭代次数高于其余 3 种循环神经网络的原因。同时，3 种循环神经网络对比结果显示，RNN 计算耗时随隐层节点数增加的增长速率为 0.097，LSTM 为 0.145，GRU 为 0.125，说明 LSTM 的计算耗时增长速率高于 GRU 及 RNN。造成这一结果的原因可能是模型隐层结构和计算过程的差异，RNN 的隐层结构和计算过程最为简单，GRU 次之，LSTM 的结构和计算过程最为复杂；因此随着隐层节点数的增多，RNN 的计算耗时增长速率最低，GRU 次之，LSTM 最高。

（3）主要结论如下。

1）迭代次数的增加有助于提高模型精度，但迭代次数达到一定限值后，其增加对模型精度的提升不再具有显著意义。这可能是由于 BP 采用反向传播算法训练，RNN、LSTM、GRU 模型均采用与经典的 BP 算法原理类似的 BPTT 算法，二者均为前向计算输出值，反向计算误差，并延误差减小方向，持续更新网络权值，当训练达到一定次数之后，迭代次数的增大对模型精度的提升不再具有显著意义。

2）合适的隐层节点数有助于模型的收敛，但隐层节点数对模型精度的影响没有显著规律可循。相关专家的研究同样佐证了本书的结论，Yao[94]认为隐层节点数，作为神经网络的重要结构参数，对网络收敛速度、模型精度至关重要。因此，隐层节点数的选择一直是 ANN 研究的热点，一般认为隐层节点数的确定与输入因子的数量有关，但尚未有确定的理论和方法[95-97]。目前，隐层节点数的选取多采用试错法。

3）隐层节点数的增加会导致模型计算耗时的增加，通过计算耗时的增长速率排序为：BP＞RNN＞GRU＞LSTM。

基于上述认知，本书在后续研究中分别对各模型参数设定如下：对于 BP 模型，统一设定其隐层节点数为 32，迭代次数为 2000次；对于 RNN 模型，隐层节点数统一设定为 26，迭代次数设置为 500 次；对于 LSTM 和 GRU 两种模型，隐层节点数统一设定为 32，迭代次数为 500 次。

4.1.5.3 训练批量值的优选

训练批量值（batchsize）的设定是影响神经网络模型性能的重要参数。批量值决定的是梯度下降的方向；众所周知，在梯度下降过程中需要对所有样本进行处理过后朝极值所在方向前进一步，如果数据集较小，可以采用全样本学习，由全数据集确定极值所在方向。但是如果数据样本量较大的话，全样本学习计算量也随着增大，一次迭代的计算非常耗时，计算效率低下且对计算器性能要求过高。因此，为了提高效率，批量训练的概念被引入，通过设定批量值，实现数据集的分批次训练，从而提高模型的计算效率。

本书在统一设定隐层数、隐层节点数和迭代次数的基础上，按照 2^n 的规律依次设定批量值为 2、4、8、16、32、64、128、256、512、1024，对比不同批量值设定下，模型的预测误差和计算耗时。测试结果显示，对于 BP 模型，当批量值为 2、4 时，模型在计算过程中容易发散，随着训练批量值的增大，模型收敛所需的迭代次数增多；对于 RNN 模型，当批量值小于 64 时，模型计算易发散，但随着训练批量的增多，发散程度逐渐减弱；对于 LSTM 模型，当训练批量为 2、4 时，模型容易发散，但其发散程度远弱于 RNN 模型，同时随着训练批量值的增大，模型收敛所需的迭代次数增多；

对于 GRU 模型，当训练批量小于 16 时，容易发散，其发散程度弱于 RNN，但强于 LSTM 模型（见图 4.10）。

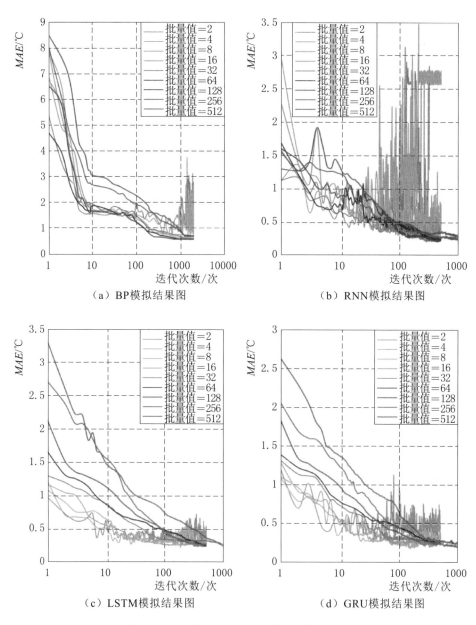

（a）BP模拟结果图　　　　　　　　　（b）RNN模拟结果图

（c）LSTM模拟结果图　　　　　　　　（d）GRU模拟结果图

图 4.10　不同训练批量设定下神经网络模型精度和收敛情况对比

由此可知，批量值过小容易导致模型发散，而批量值过大，模型收敛所需的迭代次数增加。造成上述结果的原因可能是当批量值较小时，模型调整误差梯度方向考虑的样本量较少，随机性较大，导致误差调整各自为政，最终难以达到收敛，但由于随机性较大，更容易获取全局最优值；反之，批量值越大，训练过程中越能综合考虑数据的整体特征，由此确定的梯度下降的方向越准确，模型越容易收敛，而大的批量值设定容易造成梯度寻优过程中的随机性降低，梯度下降方向单一，陷入局部最优解的概率增大[98]。

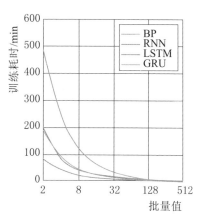

图 4.11 不同训练批量设定下神经网络模型的训练耗时对比

不同训练批量设定下各模型的训练耗时对比如图 4.11所示。随着批量大小的增加各模型的计算耗时均呈指数型下降趋势。这一点在前人的研究中也得到了佐证，以往的研究表明，批量大小是限制模型训练速度的主要因素[96-97]。

综合权衡本书的研究结果，当批量大小设置为 128 时，各模型均可较为快速地收敛，且训练耗时较小，在几分钟内即可完成模型训练，因此本书统一设定模型的训练批量为 128，各模型详细的参数优选结果见表 4.7。

表 4.7　　　各神经网络模型结构参数优选结果

参　　数	BP	RNN	LSTM	GRU
隐层数	2	6	5	5
隐层节点数	32	26	32	32
迭代次数	2000	500	500	500
批量大小	128	128	128	128

4.2　AI 算法在不同叠梁门调度
方式下的适用性研究

为了探究 AI 算法在水库下泄水温预测中的适用性，在参考前文参数率定结果、统一设定各模型参数的基础上，从模型预测精度、不确定性、计算耗时和预见期 4 个方面，对比了 SVR、BP、RNN、LSTM、GRU 5 种模型的性能。在模型精度对比时，由于 *MAE* 和 *RMSE* 两项精度指标都与水温的实际大小值有关，实际水温大的 *MAE* 和 *RMSE* 值一般偏大，反之亦然。因此，在相同工况条件下，以 *MAE* 值为主要判别指标，在 *MAE* 值相同时，参考 *RMSE* 值进行判别；在不同工况条件下，为尽量避免由于实际水温差异导致的评价偏差，以 *MRE* 为主要判别指标。

4.2.1　模拟水温预测结果分析

4.2.1.1　预测精度分析

预测精度是衡量模型性能的关键指标之一，因此本书分别以丰、平、枯 3 种典型年条件下的水温预测为例（预测工况编码为FCY、PCY、KCY），对比了模型的预测精度。同时，对于下泄水温预测，除需关注模型对全年水温变化的拟合度和预测精度外，还需重点关注 3—6 月流域内鱼类主要产卵期的水温预测精度。为提高 3—6 月的水温，保证鱼类的正常繁殖活动，锦屏一级电站建设有叠梁门装置，同时制定了相应的调度规程。根据调度规程，锦屏一级电站可采用的运行方式有不启用叠梁门、一层叠梁门、两层叠梁门、三层叠梁门 4 种分层取水方案，不同取水方案对应的水位需求详见 3.3.2 节。

1. 丰水年下泄水温预测精度分析

对于丰水年的水位条件而言，按照一层叠梁门调度方案运行时，3 月 1 日—6 月 1 日可采用一层叠梁门，6 月 2—30 日不运行叠梁门；按照两层叠梁门调度方案运行时，3月1日—5月25日可运行两层叠梁门，5月26日—6月1日运行一层叠梁门，6月2—30日不运行叠梁门；按照三层叠梁门调度方案运行时，3月1日—5月13日运行三层叠梁门，5月14—25日运行两层叠梁门，5月26日—6月1日运行一层叠梁门，6月2—30日不启用叠梁门。因此，本书分别对比了全年、3—6月不启用叠梁门、启用一层叠梁门、启用两层叠梁门和启用三层叠梁门5种调度方案下各模型的预测精度，以寻求最适合用于下泄水温预测的AI模型。

丰水年的水温预测结果显示，全年而言，SVR模型的 MAE 值为 0.395℃，BP模型的 MAE 值为 2.533℃，RNN模型的 MAE 为 0.378℃，LSTM模型的 MAE 为 0.264℃，GRU模型的 MAE 为 0.303℃（见表 4.8）。结合图 4.12，可以看出 SVR、RNN、LSTM、GRU 4种模型能够较为准确地模拟水温的年内变化过程，大的误差值主要存在于6—8月水温波动较大的时段内，而BP模型的误差整体均处于较高水平，难以实现对下泄水温的准确预测，尤其是3—6月水温上升期，最大负误差值可达 -4.527℃，最大正误差值达 2.688℃。综上，各模型的精度排行为：LSTM>GRU>RNN>SVR>BP，可见在丰水年全年尺度的下泄水温预测上，3种循环神经网络的预测精度高于SVR和BP。

表 4.8　丰水年不同叠梁门运行方式下各 AI 模型预测精度统计

时段-叠梁门运行方式	模型	$E_{\min}$/℃	$E_{\max}$/℃	MAE/℃	MRE/%	$RMSE$/℃
全年-不启用叠梁门	SVR	−1.415	1.199	0.395	3.41	0.494
	BP	−4.527	2.688	2.533	9.10	1.394
	RNN	−1.498	1.188	0.378	3.12	0.470
	LSTM	−1.338	1.625	0.264	2.22	0.403
	GRU	−1.093	1.855	0.303	2.28	0.461

续表

时段-叠梁门运行方式	模型	E_{min}/℃	E_{max}/℃	MAE/℃	MRE/%	$RMSE$/℃
3—6月-不启用叠梁门	SVR	−1.089	1.089	0.306	2.71	0.402
	BP	−4.527	2.688	1.570	14.33	1.941
	RNN	−1.498	1.188	0.350	2.91	0.460
	LSTM	−1.080	1.625	0.240	2.12	0.329
	GRU	−0.674	1.855	0.288	2.43	0.394
3—6月-一层叠梁门	SVR	−1.081	1.462	0.334	2.92	0.423
	BP	−1.076	3.344	0.661	5.82	0.881
	RNN	−1.174	1.498	0.302	2.38	0.443
	LSTM	−1.452	1.08	0.209	1.62	0.326
	GRU	−1.399	0.582	0.206	1.50	0.337
3—6月-两层叠梁门	SVR	−1.081	1.089	0.334	2.78	0.417
	BP	−1.276	3.214	0.678	5.81	0.919
	RNN	−1.312	1.498	0.303	2.22	0.473
	LSTM	−1.456	0.715	0.258	1.80	0.394
	GRU	−1.461	0.715	0.278	2.03	0.421
3—6月-三层叠梁门	SVR	−1.67	1.216	0.294	2.36	0.402
	BP	−1.845	3.052	0.632	5.21	0.834
	RNN	−1.612	1.744	0.338	2.54	0.497
	LSTM	−1.456	0.635	0.285	2.11	0.413
	GRU	−1.957	1.513	0.288	2.10	0.433

在不启用叠梁门的情况下，SVR、BP、RNN、LSTM、GRU模型对3—6月下泄水温预测的 MAE 值分别为0.306℃、1.570℃、0.350℃、0.240℃、0.288℃，模型精度排行为：LSTM＞GRU＞SVR＞RNN＞BP（见表4.8和图4.12）。由此可见，循环神经网络模型依然保持较高的性能优势，而BP的模拟精度仍旧最低，难以取得令人满意的预测结果。

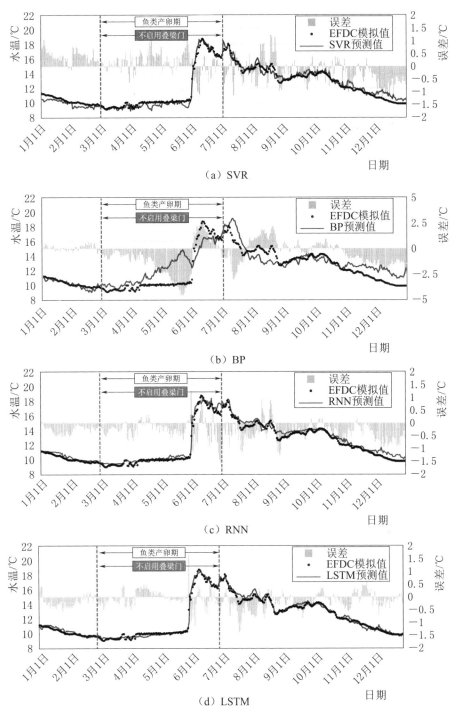

图 4.12 (一)　丰水年不启用叠梁门时各 AI 模型下泄水温预测结果图

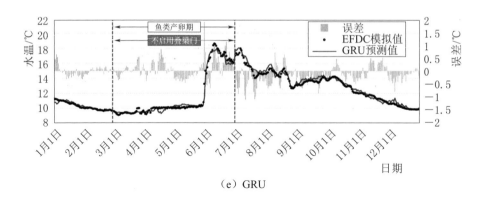

（e）GRU

图 4.12（二）　丰水年不启用叠梁门时各 AI 模型下泄水温预测结果图

在一层叠梁门运行条件下，SVR、BP、RNN、LSTM、GRU
模型对下泄水温预测的平均绝对误差值分别为 0.334℃、0.661℃、
0.303℃、0.209℃、0.206℃，模型精度的排行为：GRU＞LSTM＞
RNN＞SVR＞BP，其中 LSTM 和 GRU 模型的精度差异微弱，同
时显著高于其余几种模型（表 4.8）。3 月至 5 月中旬下泄水温的变
化不大，模型对下泄水温的预测也更为精准；从 5 月下旬起，下泄
水温快速上升，水温波动较大，各模型的预测精度也随之下降（见
图 4.13）。

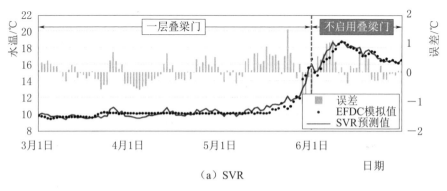

（a）SVR

图 4.13（一）　丰水年一层叠梁门运行条件下
各 AI 模型下泄水温预测结果图

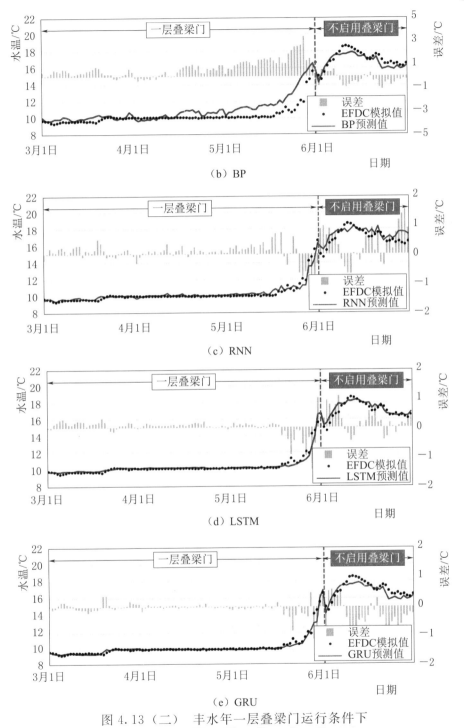

图 4.13（二） 丰水年一层叠梁门运行条件下
各 AI 模型下泄水温预测结果图

按照两层叠梁门调度方案运行时，SVR、BP、RNN、LSTM、GRU 模型对下泄水温预测的相对误差值分别为 0.334℃、0.678℃、0.303℃、0.258℃、0.278℃，可见模型精度的排行为：LSTM＞GRU＞RNN＞SVR＞BP（表 4.8）。BP 预测精度较差，难以用于下泄水温预测，其余 4 种模型能够较好地完成水库下泄水温预测任务，其中又以 LSTM 的预测精度最高（见图 4.14）。

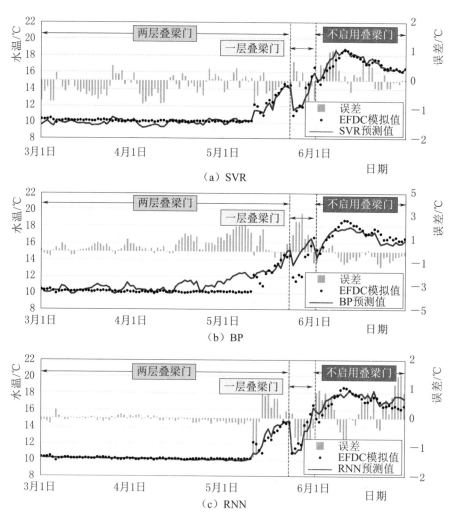

图 4.14（一）　丰水年两层叠梁门运行条件下
各 AI 模型下泄水温预测结果图

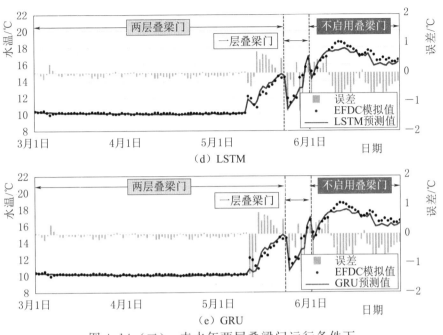

图 4.14（二）　丰水年两层叠梁门运行条件下
各 AI 模型下泄水温预测结果图

　　按照三层叠梁门调度方案运行时，SVR、BP、RNN、LSTM、GRU 模型对下泄水温预测的 *MAE* 值分别为 0.294℃、0.632℃、0.338℃、0.285℃、0.288℃，模型精度的排行为：LSTM＞GRU＞SVR＞RNN＞BP（表 4.8）。LSTM 和 GRU 模型的预测精度最高（见图 4.15）。同时，由图 4.15 可以看出，叠梁门的运行会将下泄水

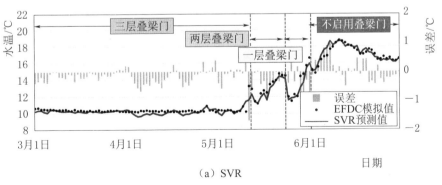

图 4.15（一）　丰水年三层叠梁门运行条件下各 AI 模型
下泄水温预测结果图

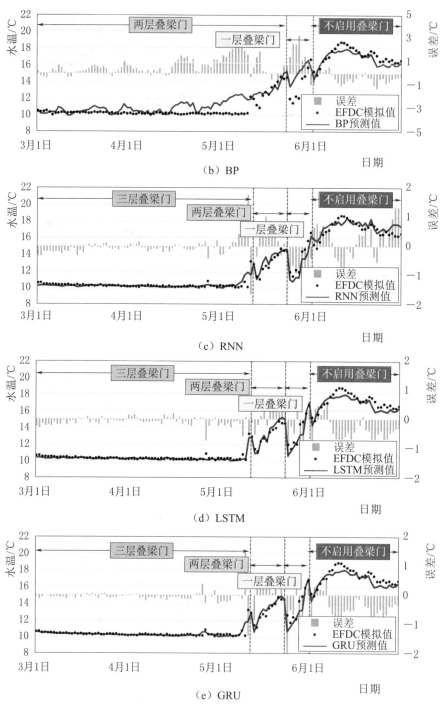

图 4.15（二）　丰水年三层叠梁门运行条件下各 AI 模型
下泄水温预测结果图

温的升温期提前，操作移除叠梁门时，容易引起下泄水温的大幅度波动，导致预测精度下降。

为了明晰 AI 模型对于不同叠梁门工况的预测效果，本书继续对比分析了在不同叠梁门运行方式下模型的预测精度。鉴于 BP 模型的整体性能较差，模型预测结果不具有参考价值，因此在对比分析中未将 BP 神经网络模型纳入分析范围。

此外，不同工况下水温的变化阈值不同，直接对比 *MAE* 值恐有失偏颇，因此，本书以平均相对误差值 *MRE* 作为不同叠梁门运行工况下预测精度对比的判别依据。

对比结果显示，SVR 模型对几种工况的预测精度排行为：三层叠梁门＞不启用叠梁门＞两层叠梁门＞一层叠梁门＞全年；RNN 对几种工况预测精度排行为：两层叠梁门＞一层叠梁门＞三层叠梁门＞不启用叠梁门＞全年；LSTM 对几种工况预测精度排行为：一层叠梁门＞两层叠梁门＞三层叠梁门＞不启用叠梁门＞全年；GRU 对各工况的预测精度排行为：一层叠梁门＞两层叠梁门＞三层叠梁门＞全年＞不启用叠梁门（见图 4.16）。由此可见，叠梁门层数较少时模型的预测精度较高，层数较多时模型的精度较低；全年尺度和不启用叠梁门时预测精度普遍低于叠梁门运行时段。

2. 平水年下泄水温预测精度分析

根据平水年的水位条件，叠梁门的运行时间短于丰水年。具体而言，按照一层叠梁门调度方案运行时，3 月 1 日—5 月 27 日应采用一层叠梁门，5 月 28 日—6 月 30 日不运行叠梁门；按照两层叠梁门的调度方案运行时，3 月 1 日—4 月 22 日应采用两层叠梁门，4 月 23 日—5 月 27 日采用一层叠梁门，5 月 28 日—6 月 30 日不启用叠梁门；按照三层叠梁门的调度方案运行时，3 月 1 日—4 月 6 日采用三层叠梁门，4 月 7—22 日采用两层叠梁门，4 月 23 日—5 月 27 日采用一层叠梁门，5 月 28 日—6 月 30 日不加装叠梁门。

平水年的水温预测结果显示，在全年尺度上，SVR 模型的平均绝对误差为 0.427℃，BP 的 *MAE* 值为 0.530℃，RNN、LSTM 和 GRU 的平均绝对误差分别为 0.258℃、0.228℃、0.229℃（见

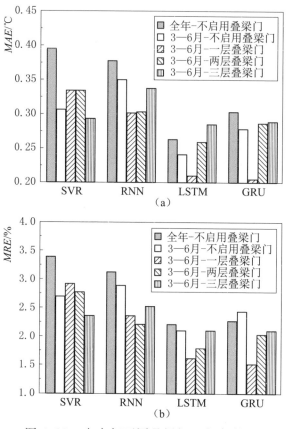

图 4.16 丰水年不同叠梁门运行条件下
各 AI 模型模拟精度对比

表 4.9）。结合图 4.17 可知，SVR 和 BP 对于水温年内变化过程的
预测精度低于 3 种循环神经网络模型，误差较大的区域主要集中在
5—6 月的水温上升期，SVR 和 BP 预测的水温上升期早于 EFDC
模拟结果，同时 7—8 月坝前呈现双温跃层的水温结构，加之水位
波动和气象条件的影响，下泄水温变化较大，因而 SVR 和 BP 难以
给出高精度的预测结果。反观 3 种循环神经网络模型，均能很好地
预测水温的年内变化趋势，对于水温波动较大的时期也能给出高精
度的预测结果，同时除 RNN 外，LSTM 和 GRU 还能够精准地预
测水温上升的拐点。由此说明，对于平水年下泄水温预测，LSTM
和 GRU 模型的预测性能明显好于其他几种模型。

在 3—6 月不启用叠梁门的情况下，SVR、BP、RNN、
LSTM、GRU 模型对下泄水温模拟的绝对误差值分别为 0.489℃、
0.568℃、0.264℃、0.232℃、0.197℃，模型精度排行为：GRU＞
LSTM＞RNN＞SVR＞BP（见表 4.9 和图 4.17）。由此可见，对于
鱼类产卵期的下泄水温预测，GRU 模型的预测精度最高，LSTM
和 RNN 模型也展现出明显优于 SVR 和 BP 两种传统 AI 模型的性
能优势。

表 4.9　平水年不同叠梁门运行方式下各 AI 模型预测精度统计

时段-叠梁门运行方式	模型	E_{min}/℃	E_{max}/℃	MAE/℃	MRE/%	RMSE/℃
全年-不启用叠梁门	SVR	−1.591	1.712	0.427	3.33	0.553
	BP	−1.825	1.973	0.530	3.85	0.719
	RNN	−1.244	0.955	0.258	1.97	0.337
	LSTM	−1.026	1.611	0.228	1.73	0.305
	GRU	−1.309	0.729	0.229	1.75	0.315
3—6 月-不启用叠梁门	SVR	−1.591	1.662	0.489	4.28	0.632
	BP	−1.825	1.973	0.568	4.34	0.805
	RNN	−1.244	0.955	0.264	2.20	0.360
	LSTM	−1.026	1.611	0.232	1.91	0.336
	GRU	−1.120	0.575	0.197	1.46	0.305
3—6 月-一层叠梁门	SVR	−1.505	1.448	0.405	3.16	0.542
	BP	−1.810	1.588	0.620	4.56	0.803
	RNN	−1.376	0.760	0.300	2.36	0.414
	LSTM	−1.454	1.338	0.269	2.08	0.407
	GRU	−1.968	1.665	0.246	1.82	0.368
3—6 月-两层叠梁门	SVR	−1.629	1.347	0.450	3.59	0.563
	BP	−1.888	1.639	0.568	4.01	0.783
	RNN	−1.508	0.659	0.287	2.25	0.402
	LSTM	−1.578	1.341	0.261	2.01	0.402
	GRU	−0.957	1.000	0.226	1.63	0.359
3—6 月-三层叠梁门	SVR	−1.593	1.346	0.428	3.34	0.557
	BP	−1.866	1.701	0.581	4.13	0.784
	RNN	−1.554	0.658	0.295	2.30	0.407
	LSTM	−1.542	1.491	0.247	1.86	0.404
	GRU	−0.988	0.937	0.246	1.80	0.365

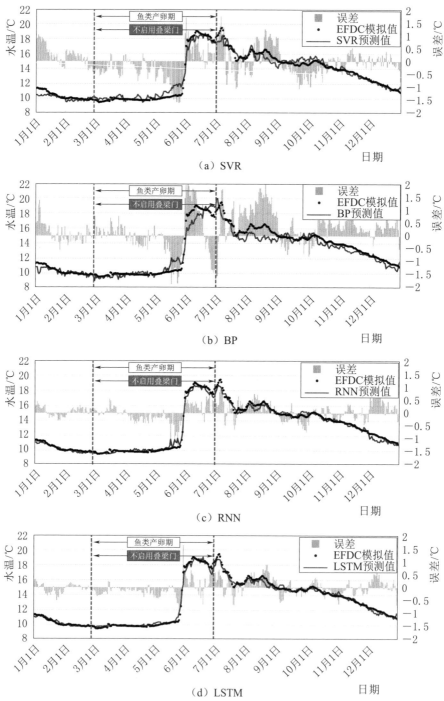

图 4.17（一）　平水年不启用叠梁门时各 AI 模型
下泄水温预测结果图

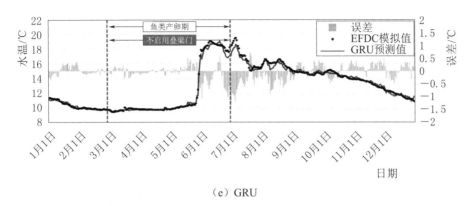

(e) GRU

图 4.17（二） 平水年不启用叠梁门时各 AI 模型
下泄水温预测结果图

在一层叠梁门运行条件下，SVR、BP、RNN、LSTM、GRU
模型对下泄水温预测的 *MAE* 值分别为 0.405℃、0.620℃、0.300℃、
0.269℃、0.246℃，模型精度的排行为：GRU＞LSTM＞RNN＞
SVR＞BP。在 3—4 月，下泄水温变化微弱，基本恒定在 10℃ 上
下，此时各模型的预测精度均较高，至 4 月初，下泄水温开始进
入升温期，水温逐渐升高，此时 3 种循环神经网络模型依然能保
持较高的预测精度，但是 SVR 和 BP 模型的精度显著下降，绝对
误差值在 1℃ 上下波动，部分时段的绝对误差值甚至接近 2℃（见
图 4.18）。由此说明，几种 AI 模型对比，GRU 的模拟精度最高，

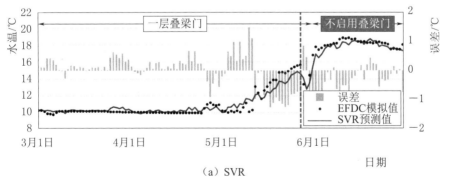

(a) SVR

图 4.18（一） 平水年一层叠梁门运行条件下
各 AI 模型下泄水温预测结果图

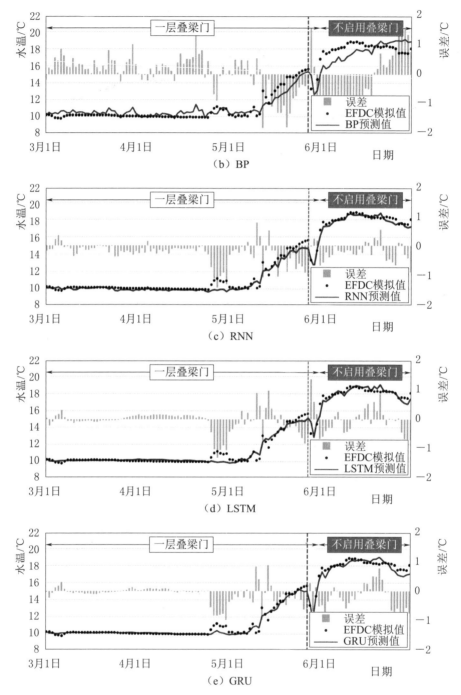

图 4.18（二） 平水年一层叠梁门运行条件下
各 AI 模型下泄水温预测结果图

LSTM 次之，同时 3 种循环神经网络模型的模型精度显著高于 SVR 和 BP 两种传统 AI 模型（见表4.9 和图4.18）。

按照两层叠梁门调度方案运行时，SVR、BP、RNN、LSTM、GRU 5 种模型的平均相对误差值分别为 0.450℃、0.568℃、0.287℃、0.261℃、0.226℃，模型精度的排行为：GRU＞LSTM＞RNN＞SVR＞BP（见表4.9）。3—4 月，下泄水温变化不大，因此 5 种模型的预测精度均较高，4 月底开始，下泄水温波动上升，模型的预测精度也逐渐出现差异，BP 和 SVR 预测精度下降，预测值普遍低于 EFDC 模拟值（见图 4.19）。3 种循环神经网络模型的预测精度相对较高，能够准确地预测两层叠梁门工况下水温上升期的下泄水温，3 种循环神经网络相比，GRU 模型的预测精度最高（见图 4.19）。

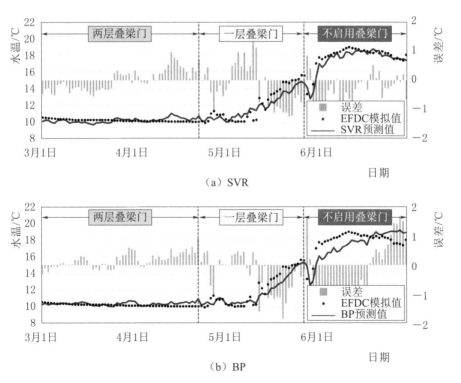

图 4.19（一）　平水年两层叠梁门运行条件下
各 AI 模型下泄水温预测结果图

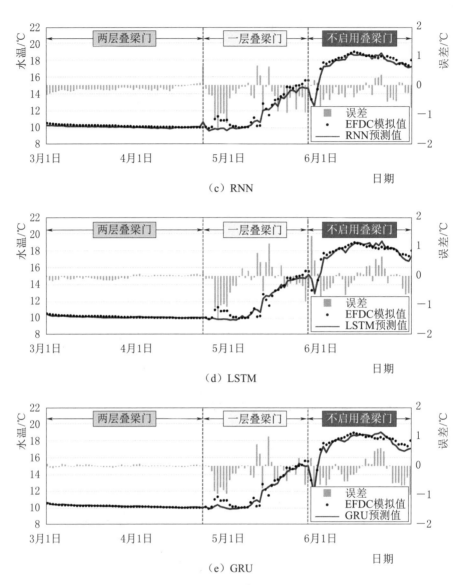

图 4.19（二）　平水年两层叠梁门运行条件下
各 AI 模型下泄水温预测结果图

　　平水年按照三层叠梁门调度方案运行时，SVR、BP、RNN、
LSTM、GRU 模型对下泄水温预测的平均绝对误差值分别为
0.428℃、0.581℃、0.295℃、0.247℃、0.246℃，模型精度的排

行为：GRU＞LSTM＞RNN＞SVR＞BP（见图4.20）。仍然是3种循环神经网络模型的预测精度较高，能够较为精准地预测三层叠梁门运行工况的下泄水温，而SVR和BP两种传统AI模型的预测精度较低，难以胜任下泄水温的预测任务。

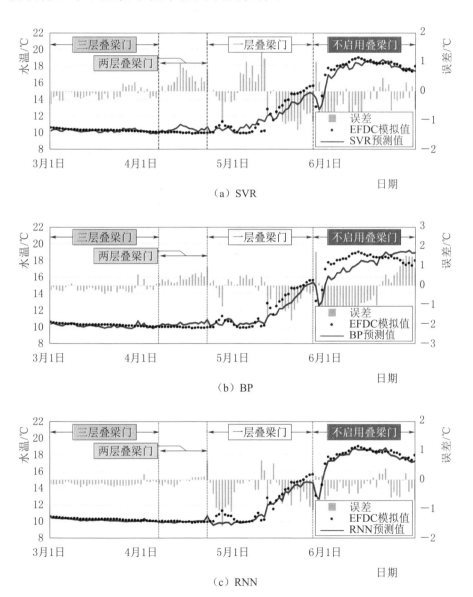

图4.20（一）　平水年三层叠梁门运行条件下
各AI模型下泄水温预测结果图

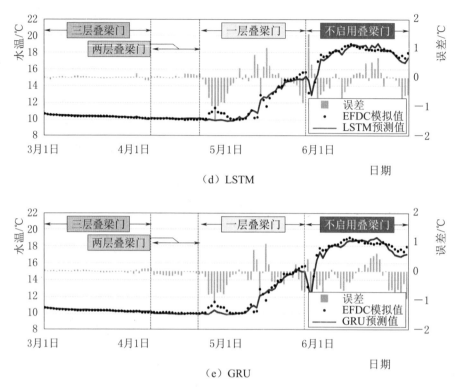

图 4.20（二） 平水年三层叠梁门运行条件下
各 AI 模型下泄水温预测结果图

　　鉴于不同工况下水温的变化阈值不同，直接对比 MAE 值有失偏颇，因此，本书以平均相对误差值 MRE 作为不同叠梁门运行工况下预测精度对比的判别依据，对比分析了不同叠梁门运行方式下各模型预测精度的差异。鉴于部分模型的预测精度较低，因此在对比不同叠梁门运行条件下的预测精度时，主要以 GRU 和 LSTM 的预测结果作为研究对象。同时，由于不同工况下泄水温值存在差异，在对比过程中以 MRE 值作为主要判别依据。结果显示，对于 LSTM 模型，不同工况下的预测精度排序为：一层叠梁门＞两层叠梁门＞不启用叠梁门＞三层叠梁门＞全年；对于 GRU 模型，预测精度的排序为：不启用叠梁门＞两层叠梁门＞全年＞三层叠梁门＞一层叠梁门（见图 4.21）。由此可知，对于平水年的下泄水温预测，在不同工况之间，模型的预测精度变化没有明显的规律可循。

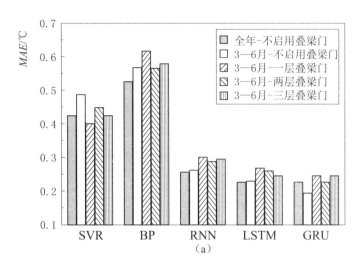

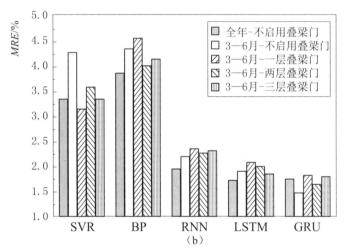

图 4.21　平水年不同叠梁门运行条件下
各 AI 模型预测精度对比

3. 枯水年水温预测精度分析

枯水年的水位整体低于平水年和丰水年，叠梁门可运行时间较短。执行一层叠梁门调度方案时，3 月 1 日—5 月 1 日加装一层叠梁门，5 月 2 日—6 月 30 日不运行叠梁门；执行两层叠梁门调度方案时，3 月 1 日—4 月 8 日采用两层叠梁门，4 月 9 日—5 月 1 日采用一层叠梁门，5 月 2 日—6 月 30 日不运行叠梁门；执行三层叠梁门调度方案时，3 月 1—27 日采用三层叠梁门，3 月 28 日—4 月 8 日采用两层叠梁门，4 月 9 日—5 月 1 日采用一层叠梁门，5 月 2 日—6 月 30 日不加装叠梁门。

各 AI 模型对枯水年下泄水温预测精度见表 4.10。在全年尺度上，SVR、BP、RNN、LSTM 和 GRU 模型的平均绝对误差值分别为 0.395℃、0.514℃、0.303℃、0.276℃、0.274℃，由此说明，仅就模拟精度而言，3 种循环神经网络模型的预测精度显著高于 SVR 和 BP；3 种循环神经网络模型中，LSTM 和 GRU 模型的精度更高。结合图 4.22 所示的各模型对不同时间段下泄水温变化趋势的预测结果，整体来看各模型均能较好地预测出水温在年内的大体变化趋势，其中 5 月水温上升期，各模型的误差普遍较高，SVR 和 BP 的误差最大；6—8 月的下泄水温较高且波动较大，模型的预测精度也有较大波动。

3—6 月为鱼类的主要产卵期，也是本书研究的重点关注时段，在不启用叠梁门的情况下，SVR、BP、RNN、LSTM、GRU 模型对下泄水温模拟的绝对误差值分别为 0.384℃、0.508℃、0.300℃、0.243℃、0.213℃，模型精度排行为：GRU＞LSTM＞RNN＞SVR＞BP 神经网络（见表 4.10 和图 4.22）。这说明循环神经网络的预测精度高于传统机器学习算法，循环神经网络中又以 GRU 模型的预测精度最高。

表 4.10　枯水年不同叠梁门运行方式下下各 AI 模型预测精度统计

时段-叠梁门运行方式	模型	E_{min}/℃	E_{max}/℃	MAE/℃	MRE/%	$RMSE$/℃
全年-不启用叠梁门	SVR	−1.150	2.083	0.395	3.04	0.492
	BP	−2.554	2.403	0.514	3.94	0.674
	RNN	−1.067	1.012	0.303	2.30	0.388
	LSTM	−1.062	1.266	0.276	2.06	0.349
	GRU	−1.069	1.055	0.274	2.02	0.357

续表

时段-叠梁门运行方式	模型	E_{min}/℃	E_{max}/℃	MAE/℃	MRE/%	RMSE/℃
3—6月-不启用叠梁门	SVR	−1.150	1.050	0.384	3.16	0.487
	BP	−0.844	2.403	0.508	4.43	0.699
	RNN	−1.014	1.012	0.300	2.48	0.380
	LSTM	−1.062	0.531	0.243	1.82	0.337
	GRU	−1.069	1.055	0.213	1.62	0.313
3—6月-一层叠梁门	SVR	−1.150	1.050	0.336	2.67	0.458
	BP	−0.844	2.403	0.519	4.51	0.719
	RNN	−1.014	1.012	0.250	1.98	0.353
	LSTM	−1.062	0.531	0.242	1.81	0.335
	GRU	−1.069	1.055	0.268	2.16	0.343
3—6月-两层叠梁门	SVR	−1.150	1.050	0.388	3.16	0.487
	BP	−0.849	2.403	0.529	4.60	0.724
	RNN	−1.014	1.012	0.268	2.14	0.358
	LSTM	−1.062	0.531	0.257	1.99	0.342
	GRU	−1.069	1.055	0.258	2.05	0.341
3—6月-三层叠梁门	SVR	−1.188	0.992	0.379	3.05	0.477
	BP	−0.844	2.311	0.485	4.16	0.687
	RNN	−1.109	0.979	0.270	2.15	0.360
	LSTM	−1.158	0.497	0.250	1.85	0.343
	GRU	−1.159	1.022	0.262	2.08	0.345

3—6月按照一层叠梁门的调度规程运行时，各模型的预测精度见表4.10，SVR、BP、RNN、LSTM和GRU的MAE值分别为0.336℃、0.519℃、0.250℃、0.242℃、0.268℃，模型精度排行为：LSTM＞RNN＞GRU＞SVR＞BP（表4.10）。SVR模型预测的下泄水温升高点在5月初，而EFDC模拟的下泄水温自5月中旬才开始上升，此时段内SVR的预测值普遍高于EFDC模拟值；6

月，SVR 模型的预测值普遍低于 EFDC 模拟值，因此 SVR 模型的整体误差较大 [见图 4.23（a）]。BP 的误差主要存在于 4—5 月，BP 预测下泄水温自 4 月中旬起开始升高，比 EFDC 的模拟值提前了近 1 个月，故在此时段内模型误差整体偏大 [见图 4.23（b）]。3 种循环神经网络模型预测的下泄水温升温期与 EFDC 模拟结果基本

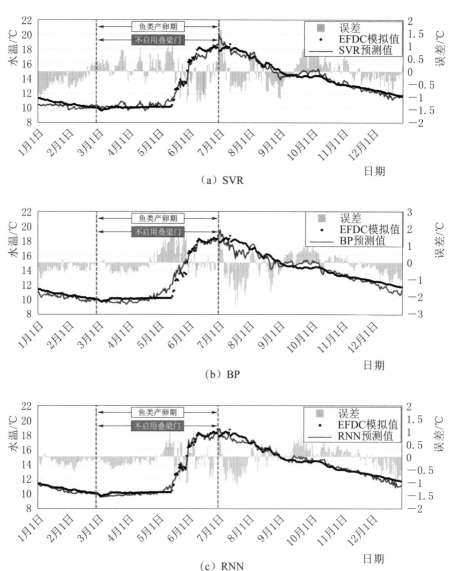

（a）SVR

（b）BP

（c）RNN

图 4.22（一）　枯水年不启用叠梁门时下
各 AI 模型下泄水温预测结果图

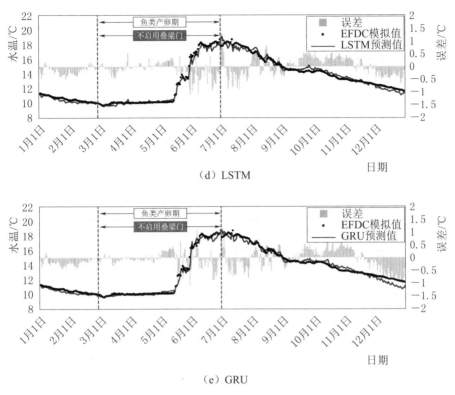

图 4.22（二）　枯水年不启用叠梁门时下
各 AI 模型下泄水温预测结果图

一致，RNN 和 GRU 模型在 5 月水温上升期和 6 月水温较高时期，误差波动较大；LSTM 对升温期的水温预测精度明显高于其余几种模型，误差较大的点主要集中在 6 月高温时段［见图 4.23（c）～图 4.23（e）］。

由此可知，对于一层叠梁门的工况，3 种循环神经网络模型的精度高于 SVR 和 BP，3 种循环神经网络模型相比，LSTM 的精度最高。

按照两层叠梁门调度方案运行时，SVR、BP、RNN、LSTM、GRU 5 种模型的平均相对误差值分别为 0.388℃、0.529℃、0.268℃、0.257℃、0.258℃，模型精度的排行为：LSTM＞GRU＞RNN＞SVR＞BP。图 4.24 所示为各模型对 3—6 月下泄水温的预

测情况。在 3—4 月，EFDC 模拟的下泄水温值较为恒定，而 SVR
和 BP 预测值波动较大，因而误差也较大；3 种循环神经网络的误
差值普遍略低于 EFDC 的模拟值。5—6 月，下泄水温逐步升高，
并在 6 月中旬趋于恒定，此时段内，3 种循环神经网络模拟的误差
整体显著低于 SVR 和 BP。

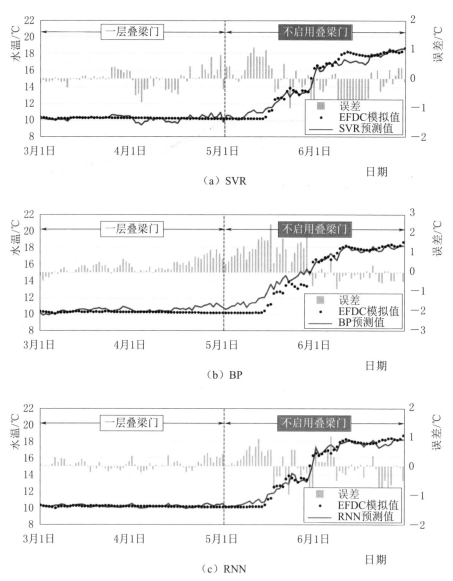

图 4.23（一）　枯水年一层叠梁门运行条件下
各 AI 模型下泄水温预测结果图

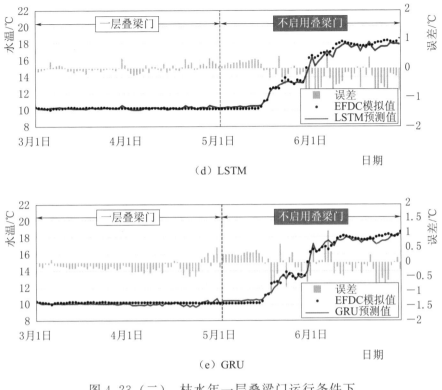

（d）LSTM

（e）GRU

图 4.23（二） 枯水年一层叠梁门运行条件下
各 AI 模型下泄水温预测结果图

由此可知，对于两层叠梁门的运行工况，依旧是深度学习算法的精度优于传统机器学习算法，深度学习算法中又以 LSTM 和 GRU 模型的精度更高，预测性能更稳定。

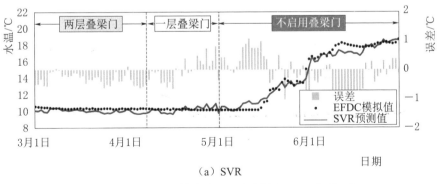

（a）SVR

图 4.24（一） 枯水年两层叠梁门运行条件下
各 AI 模型下泄水温预测结果图

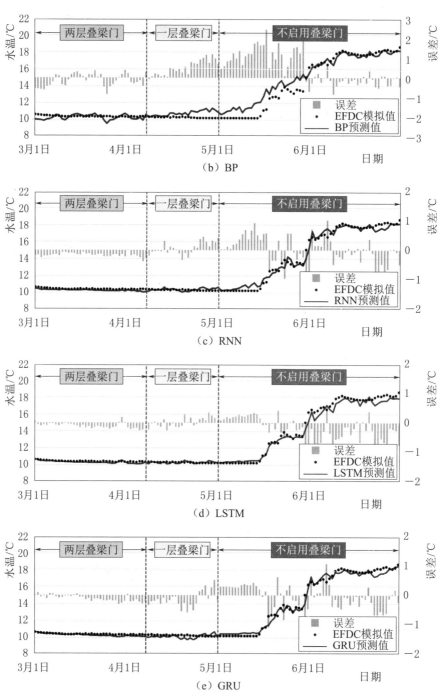

图 4.24（二）　枯水年两层叠梁门运行条件下
各 AI 模型下泄水温预测结果图

按照三层叠梁门调度方案运行时，SVR、BP、RNN、LSTM、GRU 5 种模型的 *MAE* 值分别为 0.379℃、0.485℃、0.270℃、0.250℃、0.258℃，说明模型精度的排行为：LSTM＞GRU＞RNN＞SVR＞BP。图 4.25 所示为模型对 3—6 月下泄水温的预测情况，预测结果显示，受枯水年水位条件的限制，三层叠梁门的运

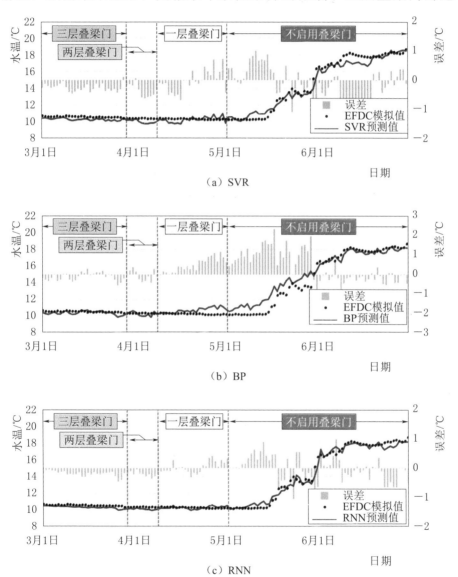

(a) SVR

(b) BP

(c) RNN

图 4.25（一）　枯水年三层叠梁门运行条件下
各 AI 模型下泄水温预测结果图

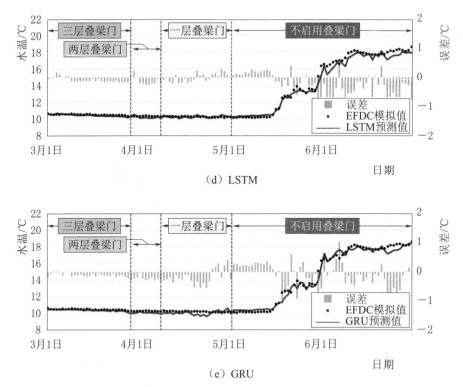

图 4.25（二）　枯水年三层叠梁门运行条件下
各 AI 模型下泄水温预测结果图

行时段较短，仅在 3 月 1—28 日期间运行三层叠梁门，且三层叠梁门方案下，下泄水温较两层叠梁门方案没有显著提升，因此各模型的误差与两层叠梁门工况相近，仍旧是循环神经网络的精度高于传统机器学习算法，循环神经网络中又以 LSTM 和 GRU 的模型精度更高。

　　本书进一步对不同叠梁门工况下的模拟精度进行了对比分析，以探究模型对于不同叠梁门工况的预测精度是否有确定性规律。由前文分析可知，SVR 和 BP 模型的误差较大，因此在本段的讨论中，重点对比了 3 种循环神经网络在不同工况下的预测精度。对比结果显示，对于 RNN 模型，不同工况下的预测精度排序为：一层叠梁门＞两层叠梁门＞三层叠梁门＞全年＞不启用叠梁门；对于 LSTM 模型，预测精度的排序为：一层叠梁门＞不启用叠梁门＞三层叠梁门＞两层叠梁门＞全年；对于 GRU 模型，预测精度的排序为：不启用叠梁门＞两层叠梁门＞全年＞三层叠梁门＞一层叠梁门（见图 4.26）。由此可知，对于枯水年的下泄水温预测，不同叠梁门工况之间模型预测精度没有明显的规律可循。

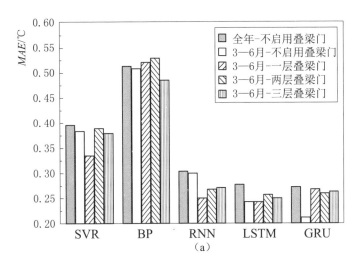

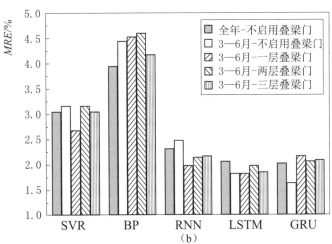

图 4.26　枯水年不同叠梁门运行条件下各 AI
模型预测精度对比

综上所述，从预测精度的角度来看，无论何种水文年、何种取水方案，均是 LSTM 和 GRU 模型的预测精度最高，最适合用于下泄水温的预测，SVR 和 BP 的预测精度较低，在水温变化较大的时段不能精确地预测水库下泄水温。

4.2.1.2   模型残差分析

为进一步对比模型性能，本书以平水年全年（3—6 月不启用叠梁门）为例，对各模型的不确定性进行了分析，包括残差自相关性、残差异质性和残差概率分布。残差分析是常用的模型不确定性的评价指标之一，一般而言，模型的残差自相关系数越接近于 0，表明模型的自相关性越低，预测序列越平稳，模型的不确定性越低；在各个水温值上模型的残差分布越均匀，越不随水温值的变化而变化，表明模型的残差异质性越低，模型的不确定性也越低；残差概率分布越趋近于正态分布，且分布范围越靠近 0 表明模型的残差越小，模型的不确定性也越低。

图 4.27 所示为平水年各 AI 水温预测模型不确定性分析结果。首先从模型的残差自相关性来看，各模型的残差自相关性均随时间的前移呈现逐渐减弱趋势，5 种模型对比而言，LSTM 的残差自相关性减弱速率最大，在 10 天以前基本不再有自相关关系，3 种循环神经网络模型的自相关性整体弱于 SVR 和 BP；从残差异质性来看，各模型均存在一定的残差异质性；从残差概率密度分布的情况来看，5 种模型残差的概率密度均呈正态分布，其中 SVR 和 BP 的概率密度曲线峰型较缓，分布范围较为广，主要集中在 −2～2，RNN、LSTM、GRU 3 种模型的残差概率密度分布曲线峰型较为尖锐，分布范围较为集中，主要分布于 −1～1。

由此可知，5 种模型对比而言，LSTM 模型的不确定性最低，RNN、LSTM、GRU 3 种循环神经网络模型不确定性低于 SVR 和 BP。

4.2.1.3   模型计算耗时分析

本书以平水年全年尺度的水温预测为例，从各模型的训练耗时和预测耗时两方面对模型的计算速率进行了对比分析。训练耗时是指模型达到一定精度要求的前提下，完成训练所需的时间；预测耗时是指模型完成训练后，从调用训练后的模型到完成预测所需的

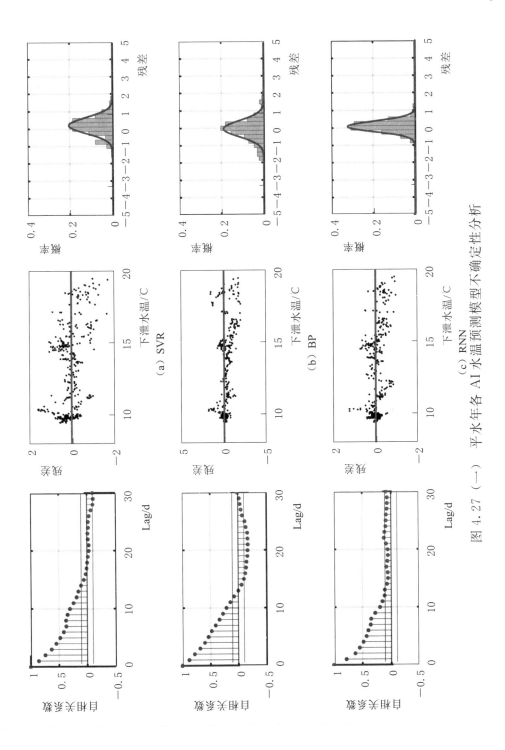

图 4.27 (一) 平水年各 AI 水温预测模型不确定性分析

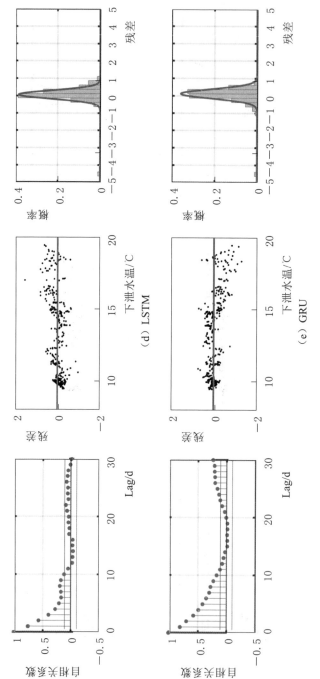

图 4.27（二）　平水年各 AI 水温预测模型不确定性分析

（注：第一列的子图中，横轴 0 上下的两条蓝色直线包含的范围为置信区间，自相关系数在置信区间内时，即认定自相关关系可忽略不计，下同。）

时间。为降低随机性误差，对各模型平行运行 10 次，并记录模型每次运行的训练耗时和预测耗时用于统计分析，如图 4.28 所示。

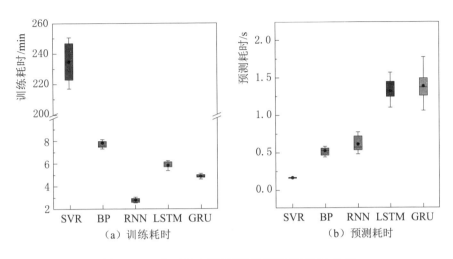

（a）训练耗时　　　　　（b）预测耗时

图 4.28　各 AI 水温预测模型计算耗时分析

测试结果显示，SVR 模型的训练耗时最长，对于本书选定的 RBF 核函数，SVR 模型搜索 1600 组参数组合所需的训练时间超过 200h，其余几种模型的训练均可在 10min 以内完成。而完成训练之后的模型，在 2s 内即可根据输入条件完成下泄水温预测，尤其是 SVR、BP 和 RNN 模型，在 1s 内就可给出预测结果，相比于 EFDC 动辄几个小时甚至几天的计算耗时，AI 算法在计算耗时方面优势显著。

4.2.1.4　模型预见期分析

除模拟精度和不确定性外，模型的预见期也是表征模型性能的重要指标之一。因此，本书以平水年的下泄水温预测为例，分别以前 0～30 天的关键影响因子（详见表 4.4）数据作为输入因子，以当前时刻的下泄水温作为模型输出，构建并训练模型，之后以 *MAE* 作为评价指标，探究模型的预见期。对于 SVR 模型，在核函数和相关参数设定相同的前提下，对于同一批数据，模型的预测结果相同，而对于神经网络模型，由于训练方式和初始值的差异，模

型的预测结果有所不同，因此为降低随机性误差，对于 BP、RNN、
LSTM 和 GRU 等神经网络模型，均平行运行 10 次，记录每次的运
行结果，进而用于统计分析。

分析结果显示，不同模型虽在预测精度上存在差异，但模型精
度随预测时间的变化趋势基本一致。图 4.29 所示为平水年条件下
不启用叠梁门时的全年下泄水温的预测误差，整体而言，各模型对
0～15d 下泄水温的预测精度差异不大，模型误差处于上下波动状
态；自 15d 开始，模型的预测误差呈现出逐渐增大的趋势；直到
27d 后，模型的预测误差随时间的变化再次趋于平稳。

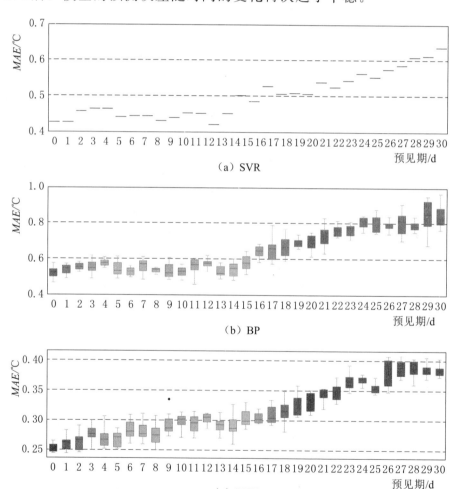

图 4.29（一）　平水年不启用叠梁门时各 AI 模型预见期分析

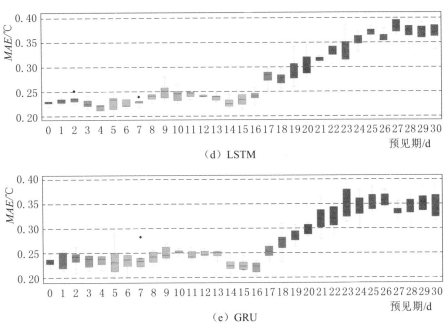

图 4.29（二）　平水年不启用叠梁门时各 AI 模型预见期分析

　　一层叠梁门条件下的预见期分析结果显示，模型对 0～7 天下泄水温的预测误差呈现出先增大后减小的趋势；7 天之后，模型对下泄水温的预测误差逐渐增大，直至大约 21 天开始，模型精度随预测时间的变化再次趋于稳定（见图 4.30）。

　　两层叠梁门与三层叠梁门条件下，模型预测精度随预见水温时间的整体变化趋势与一层叠梁门相似，不同之处在于：一层叠梁门时模型对下泄水温预测精度下降的时间节点为第 7 天；而两层和三层叠梁门条件下，该时间节点提前到了第 6 天（见图 4.31 和图 4.32）。

　　由此说明，模型的预见期取决于选定的输入因子和输出因子间的内在响应关系，因此各模型精度随预测时间的变化趋势基本一致；而各模型自身的计算性能主要影响对输入输出因子响应关系的解析程度，相较于传统机器学习模型，深度学习模型对响应关系的解析更为准确，所以深度学习模型的整体预测精度相对更高。

　　此外，造成不同取水方案下模型精度突变的时间节点不一致的原因可能是，单层进水口取水方案下，取水口的固定且位置较深，

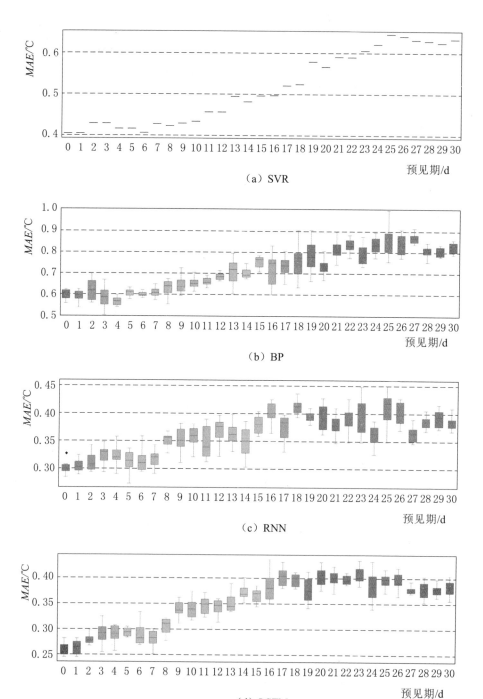

（a）SVR

（b）BP

（c）RNN

（d）LSTM

图 4.30（一）   平水年一层叠梁门时各 AI 模型预见期分析

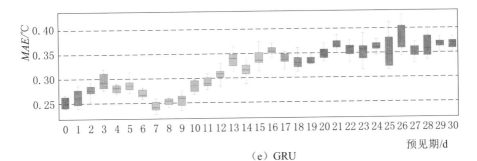

（e）GRU

图 4.30（二）　平水年一层叠梁门时各 AI 模型预见期分析

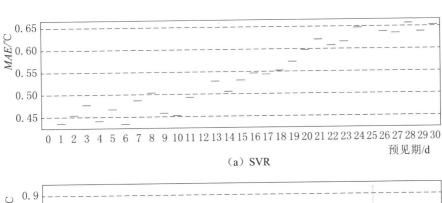

（a）SVR

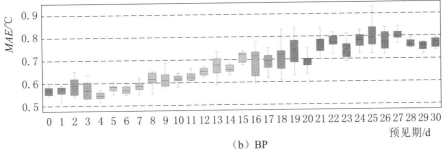

（b）BP

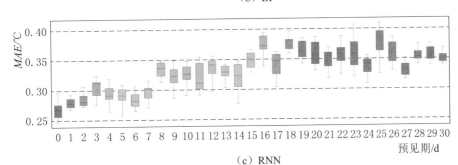

（c）RNN

图 4.31（一）　平水年两层叠梁门时各 AI 模型预见期分析

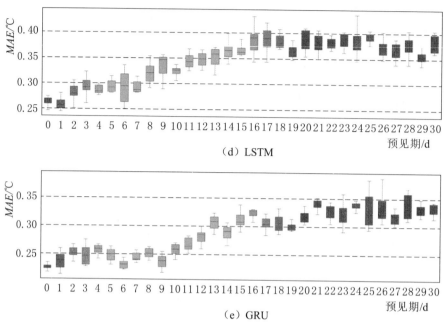

（d）LSTM

（e）GRU

图 4.31（二）　平水年两层叠梁门时各 AI 模型预见期分析

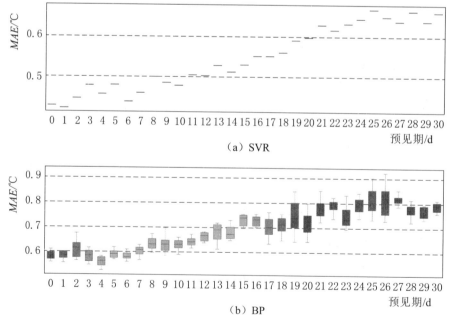

（a）SVR

（b）BP

图 4.32（一）　平水年三层叠梁门时各 AI 模型预见期分析

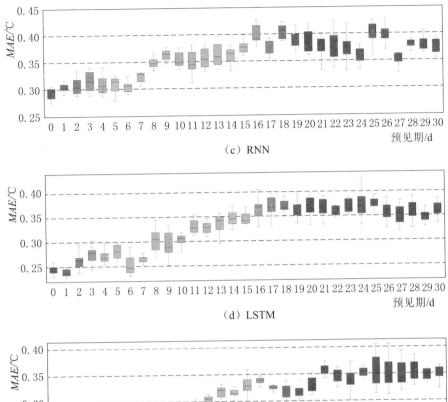

图 4.32（二） 平水年三层叠梁门时各 AI 模型预见期分析

下泄水体温度主要受到入流水体和气象条件等携带热量及再分配等
作用的累积影响，水库调度等操作对下泄水温的影响有限，因此能
与下泄水温建立良好响应关系的输入因子历史时段较长，AI 模型
的预见期也相对较长；而叠梁门取水方案下，取水口位置随水位变
化而变化，取水口深度通常小于单层进水口方案，下泄水温受入流
水体携带热量及再分配过程的累积影响减小，气象条件、水库调度
等对下泄水温的影响程度增加，下泄水温与各影响因子之间的关系
更为复杂，AI 模型能够建立下泄水温与输入因子良好响应关系的

时段逐渐缩减，因此预见期也相应缩减。

综上所述，本书所构建的 AI 模型能够通过建立入流条件、气象条件和水库调度等关键影响因子历史数据与当前时段下泄水温之间的响应关系，实现对简单运行工况下（不启用叠梁门）15 天内下泄水温的较高精度预测；复杂运行工况下（启用叠梁门）7 天内下泄水温的较高精度预测，可为分层取水方案制定和叠梁门的起落预留操作时间。各模型相比，LSTM 和 GRU 模型的预测精度最高，不确定性最低，模型性能整体较高，最适合用于下泄水温的预测，RNN 次之，而 SVR 和 BP 的模型性能整体较差。同时，与传统的数学模型相比，AI 算法在计算速度方面优势显著。

4.2.2　实测水温预测结果分析

通过前文的论述可知，LSTM 模型和 GRU 模型能够通过训练很好地预测 EFDC 模拟的下泄水温值，同时构建的 EFDC 水温模拟模型的精度已经通过实测值的校验，理论上而言，利用 EFDC 的模拟结果作为 AI 模型的训练集，应该能够预测实际的下泄水温。为了验证这一猜想，本书以 EFDC 模拟结果作为训练集，以水电站的实际下泄水温作为验证集，再次检测了 5 种 AI 模型的预测性能，验证本书所提出的"以传统数学模型构建训练数据集，以 AI 模型实现下泄水温快速预测"这一思路在实际指导分层取水设施运行中的可行性。鉴于收集到的实测数据中，2015 年 4—5 月的下泄水温监测数据存在残缺，因此，本书以 2015 年 6 月 1 日—2016 年 3 月 31 日锦屏一级水电站的实测下泄水温为预测目标。

4.2.2.1　预测精度分析

研究结果显示，LSTM 的预测精度最高，MAE 值为 0.385℃，平均相对误差值为 1.98%；GRU 的预测精度仅次于 LSTM，MAE 值为 0.418℃，平均相对误差也在 2% 的范围内；与 3 种循环神经网络模型相比，SVR 和 BP 在预测精度上明显存在劣势，SVR 的 MAE 值为 0.874℃，MRE 超过 4%，BP 的 MRE 更是超过 5%（表4.11）。

表 4.11 各 AI 模型对实测下泄水温的预测精度统计

时　段	模型	E_{max}	E_{min}	$MAE/℃$	$MRE/\%$	$RMSE/℃$
2015 年 6 月—2016 年 3 月	SVR	3.657	−2.383	0.874	4.24	1.058
	BP	2.900	−3.279	1.096	5.10	1.235
	RNN	1.703	−1.556	0.579	3.34	0.698
	LSTM	1.347	−1.512	0.385	1.98	0.494
	GRU	1.277	−1.410	0.418	2.00	0.498

除了预测精度外，本书通过绘制 AI 模型预测值与实测下泄水温的年内变化过程，分析了实测值与预测值之间的吻合情况，结果如图 4.33 所示。研究表明，6—9 月下泄水体温度较高，且水温波动较大，各模型在该时段的预测误差也有较大波动，但整体而言，各模型能够还原该时段内水温的变化过程，其中 LSTM 和 GRU 模型的还原度比较高。2015 年 10 月—2016 年 2 月，下泄水温逐渐降低，各模型均能预测下泄水体的降温趋势，其中 LSTM 和 GRU 模型的预测值与实测值吻合良好，而 SVR、BP 和 RNN 模型在降温期的预测值普遍低于实测值。2016 年 3 月，锦屏一级水电站进入叠梁门调度期，研究结果显示，3 种循环神经网络能够很好地模拟叠梁门调度期的水温变化趋势，SVR 模型对该时段下泄水温的预测值普遍高于实测值，而 BP 神经网络恰好与之相反，预测值普遍低于实测值。

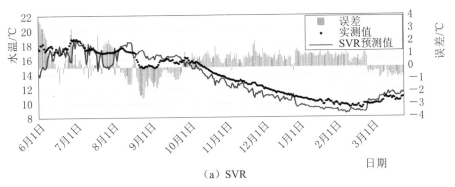

(a) SVR

图 4.33 （一） 各 AI 模型对实测下泄水温预测结果图

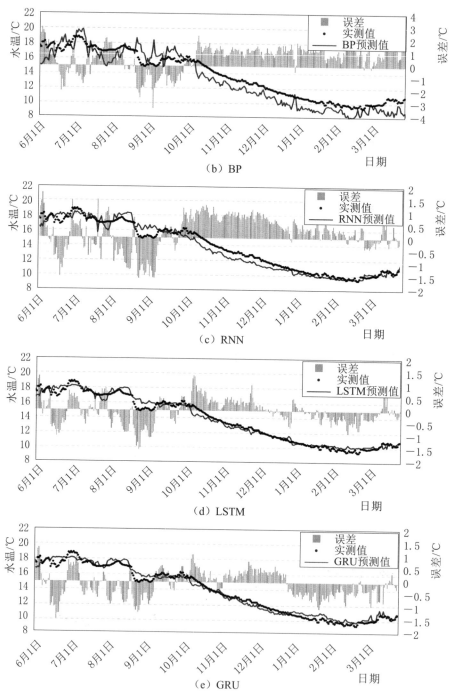

图 4.33（二） 各 AI 模型对实测下泄水温预测结果图

由此说明，从预测精度的角度来说，循环神经网络的精度高于SVR 和 BP，能够较为精准地预测实际的下泄水温过程；而 3 种循环神经网络中，又以 LSTM 的精度最高。同时相比于前文 AI 对典型年工况下下泄水温的预测，AI 模型对实测水温的预测精度略低，这可能是由于 EFDC 模拟的下泄水温本身存在一重误差，而再次利用 AI 模型进行预测又会产生一重误差，两重误差相叠加导致 AI 模型对实际下泄水温过程的预测精度略低于对模拟工况的预测。

4.2.2.2　模型残差分析

本书进一步从模型不确定性的角度，分析了各模型的性能。研究结果显示，从模型自相关性的角度，各模型的自相关系数随时间的前移，整体呈现出逐渐下降的趋势，对比而言，BP、LSTM 和GRU 模型的自相关性较低（见图 4.34）。各模型均存在明显的残差异质性，其中 SVR、BP 和 RNN 模型的残差随着下泄水温值的升高分布范围有扩大的趋势。从残差概率分布情况来看，LSTM 的残差概率密度分布最接近于正态分布，SVR 和 BP 的残差概率密度曲线呈现出双峰分布的趋势，且分布范围较广。由此说明，从模型不确定性的角度来看，依旧是 LSTM 模型的不确定性最低，性能最优。

4.2.2.3　模型预见期分析

模型对实际下泄水温预见期的分析结果显示，模型的预测精度随时间推移整体呈逐渐降低趋势。具体而言，10d 内模型对下泄水温的预测精度变化不大，超出 10d 后误差显著增加（见图 4.35）。由此说明，对于实际下泄水温的预测，模型的预见期约为 10d。

综上所述，本书认为循环神经网络，尤其是 LSTM 模型，能够以 EFDC 的模拟数据作为训练集，完成对实际下泄水温的预测，同时模型的预见期可达 10d 左右；而 BP 和 SVR 模型的预测精度较低，因而实用性较差。因此，"以传统数学模型构建训练数据集，以 AI 模型实现下泄水温快速预测"这一思路能够有效克服实测数据量较少的限制和传统模型在计算速度上的劣势，可用于实际指导分层取水设施的运行管理。

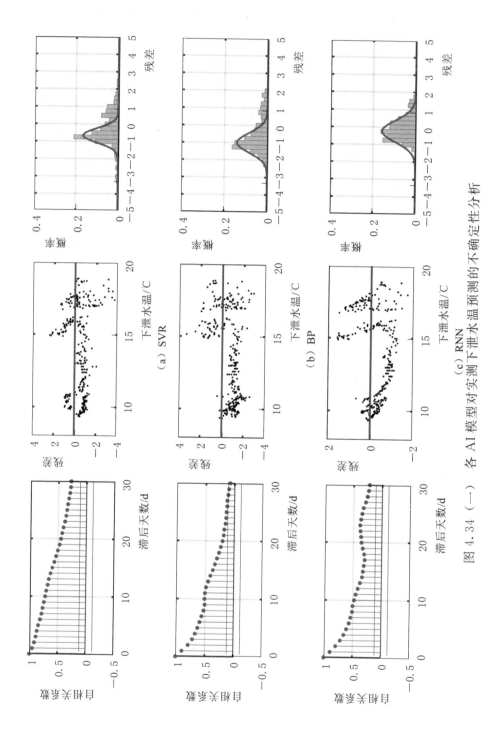

图 4.34（一） 各 AI 模型对实测下泄水温预测的不确定性分析

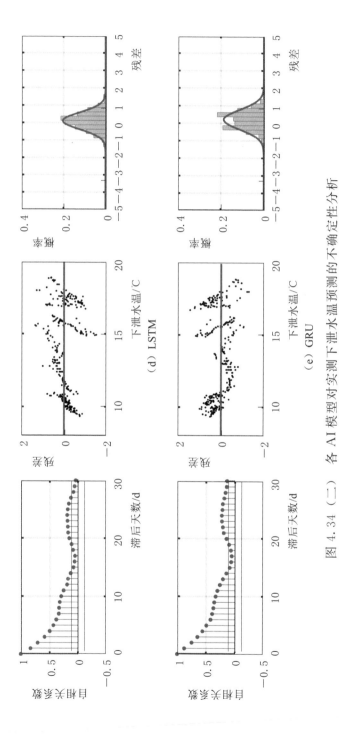

图 4.34（二） 各 AI 模型对实测下泄水温预测的不确定性分析

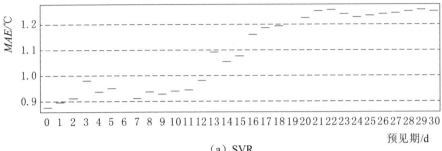

（a）SVR

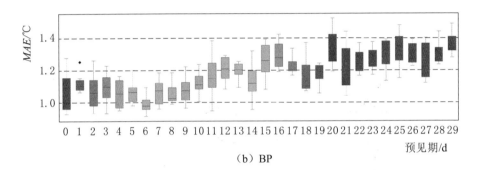

（b）BP

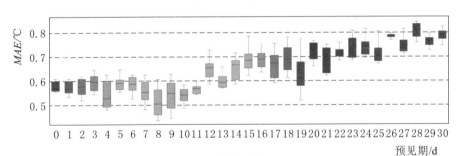

（c）RNN

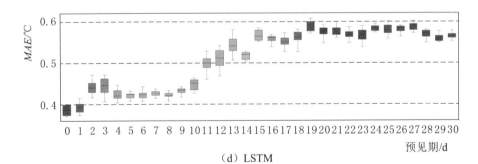

（d）LSTM

图 4.35（一） 各 AI 模型对实测下泄水温预测的预见期分析

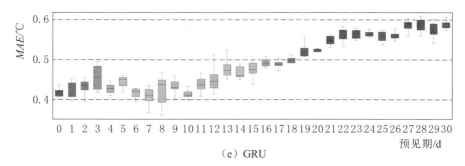

（e）GRU

图 4.35（二） 各 AI 模型对实测下泄水温预测的预见期分析

4.3 本 章 小 结

水库下泄水温是受水库特性、运行方式、入流条件、气象条件等诸多因素影响的复杂非线性问题。传统的基于物理意义的模型在实际应用中存在局限性，难以满足水库调度的快速决策需求，本节通过输入因子优选、参数优化搭建了适合用于下泄水温预测的 AI 模型，并通过模型性能比选，多角度对比分析了传统机器学习算法和新型深度学习算法的性能优劣，主要结论如下：

（1）输入因子的选择是决定 AI 模型性能的关键。研究结果显示，当输入因子中包含输出因子的历史信息时，模型精度虽高，但存在明显的时滞性，因此，本书从影响下泄水温的物理机理出发，以影响下泄水温的关键因子，包括水库的主支库入流量、主支库入流水温、出库流量、叠梁门运行层数、取水口深度、气温、太阳辐照度、相对湿度、风速等作为模型的输入因子，构建了下泄水温预测模型。

（2）对于 SVR 模型，核函数的选择是影响模型性能的关键。研究结果显示，对于本书构建的 AI 模型数据结构和样本量，RBF 核函数展现出较优的分类性能。

（3）对于神经网络类模型，隐层数、隐层节点数、迭代次数和训练批量是影响模型性能的主要参数。研究结果显示：①对于下泄水温预测此类复杂的非线性问题，适当的增加隐层数可以提高模型的预测性能，但模型的计算耗时也随之增加；②隐层节点数对模型性能没有显著的规律可循，但较大的隐层节点数可以降低模型收敛所需的迭代次数，模型更容易收敛，而计算耗时也随之增加；③迭代次数是保证模型收敛的关键，一般而言，在模型收敛的情况下，随着迭代次数增加模型精度提高，但当迭代次数达到一定值后，其继续增加对模型精度提升意义不大；④过小的训练批量设定容易导致模型发散，而在过大的批量设定情况下，模型收敛所需的迭代次数增加。

（4）本章利用 SVR、BP、RNN、LSTM、GRU 5 种 AI 模型预测了 EFDC 模拟的锦屏一级水电站不同水文年和叠梁门运行工况下的下泄水温，以及 2015 年 6 月—2016 年 3 月实测的下泄水温，结果显示：①相比于 SVR 和 BP，3 种循环神经网络模型，尤其是 LSTM 和 GRU 模型的预测精度明显较高，不确定性较低，更具良好的工程实用性；②训练完成后的 AI 模型操作使用方便，仅需输入简单的数据资料，即可完成对下泄水温的预测，同时 AI 模型可以实现对下泄水温预测的秒级响应，相比于动辄几小时甚至几天的传统数学模型，AI 模型在预测速度上优势显著，能够满足水库调度的快速决策需求；③通过建立关键影响因子历史数据与当前时段下泄水温之间的响应关系，AI 模型可实现对简单运行工况下（不启用叠梁门）、15d 内下泄水温的较高精度预测，复杂运行条件下（启用叠梁门）、7d 内下泄水温的较高精度预测，可为分层取水方案制定和叠梁门的起落预留操作时间；④"以传统数学模型构建训练数据集，以 AI 模型实现下泄水温快速预测"这一思路能够有效克服实测数据量较少的限制和传统模型在计算速度上的劣势，可用于实际指导分层取水设施的运行管理。

第5章　水库分层取水设施
运行效果评价体系

通过反馈生态环保措施的效果评价可以改善设施的运行。本章结合水库分层取水设施运行目标，按照层次分析法，构建了水库分层取水设施运行效果评价指标体系，以期为分层取水设施的优化运行提供科学、系统的指导依据。

5.1　评价指标体系框架结构搭建

本书采用目前较为常用的评价方法——层次分析法，搭建了水库分层取水设施运行效果评价体系。

5.1.1　评价指标遴选

水库建成后，改变了原始河流的热动力条件，水体进入库区后水深变大，流速减缓，温热季节易形成水温分层，导致下泄水温异于天然河道水温，当水温变幅、水温结构以及水温时滞达到某一程度时，将显著影响河流鱼类等水生生物的生长繁殖以及灌溉区农作物的正常生理活动。分层取水设施运行的主要目的就是尽量减少水库建设对天然河道水温的改变，降低由此造成的对流域重点生态保护目标的负面影响。本书从分层取水设施运行对下泄水温提高度、下泄水温与历史同期水温接近度、下游关键生态目标水温适宜度3个方面，开展分层取水设施运行效果评价。

（1）分层取水设施运行对下泄水温提高度。分层取水设施被认为是应对水温分层、提高下泄水温、减缓低温水不利影响的有效措施，其运行后对下泄水温的改善程度是衡量分层取水设施运行效果的一项重要指标。锦屏一级水库属于大型深水水库，常年存在稳定的水温分层现象，其分层取水设施的运行期为3—6月，开展分层取水的主要目的在于通过改变取水口位置，尽量引取表层水体提高下泄水温，进而满足鱼类的繁殖及生存需求。因此，本书选择分层取水设施运行对下泄水温提高度作为一项评价指标。

（2）下泄水温与历史同期水温接近度。合理规划分层取水设施运行方式，使下泄水温尽量接近历史天然水温，以减缓水库建成后对水温的影响，是分层取水设施运行的主要目的之一，因此本书选择下泄水温与历史同期天然水温接近度作为评价分层取水设施运行效果的一项指标。

（3）下游关键生态目标水温适宜度。作为河流食物链的顶级生物，鱼类可以有效地指示和反映河流生态系统的健康状况，因此很多水库分层取水设施的运行以刺激鱼类产卵和保证鱼类生存作为主要生态目标。本书将下游关键生态目标水温适宜度作为分层取水运行效果评价的关键指标，纳入评价指标体系。

为选择关键生态目标，本书开展了文献调研，结果显示，雅砻江流域分布有鱼类92种，隶属于6目、16科，其中鲤科鱼类49种，占鱼类总种数的53.5%；鳅科12种，占13%；其余科类占比均少于10%。其中，鲤科中又以裂腹鱼亚科为优势种[99]。雅砻江流域没有国家一级、二级保护野生鱼类，省、流域特有鱼类有长丝裂腹鱼、短须裂腹鱼、细鳞裂腹鱼和鲈鲤等，上述4种鱼类也是锦屏一级水电站下游河段的主要经济鱼类和锦屏·官地鱼类增殖放流站的人工增殖放流对象[2,100]。因此最终选定长丝裂腹鱼、短须裂腹鱼、细鳞裂腹鱼、鲈鲤作为关键生态目标鱼类。

5.1.2 指标体系层次结构

在对各项效果评价指标筛选的基础上，构建了包含目标层、一级指标层和二级指标层的水库分层取水设施运行效果评价指标体系，详细信息见表5.1。

表 5.1　水库分层取水设施运行效果评价指标体系层次结构

目标层	一　级　指　标	二　级　指　标
水库分层取水设施运行效果 A	分层取水设施运行对下泄水温提高度 B1	分层取水设施运行对下泄水温提高度 C1
	下泄水温与历史同期水温接近度 B2	下泄水温与历史同期水温接近度 C2
	下游关键生态目标水温适宜度 B3	长丝裂腹鱼对下泄水温适宜度 C3
		短须裂腹鱼对下泄水温适宜度 C4
		细鳞裂腹鱼对下泄水温适宜度 C5
		鲈鲤对下泄水温适宜度 C6

5.2　各评价指标计算方法及评分标准

5.2.1　各评价指标计算方法

（1）分层取水设施运行对下泄水温提高度。分层取水设施运行对下泄水温提高度＝（分层取水设施运行后下泄水温－分层取水前下泄水温）/分层取水前下泄水温。

（2）下泄水温与历史同期水温接近度。根据下泄水温数据与水库未建成前的多年同期平均水温数据，计算下游水温与历史同期水温的接近度。

下游水温与历史同期水温接近度＝1－（下泄水温－历史同期多年平均水温）×100%/历史同期多年平均水温

（3）下游关键生态目标水温适宜度。分层取水设施运行的主要目的在于减缓水温的不利影响，确保水库下游水生生物的正常生长繁殖，因此下游关键生态目标水温适宜度是评价分层取水设施运行效果的最为关键的指标。本书引入"栖息地适宜度"概念，用以评价下游关键生态目标水温适宜度。栖息地适宜度影响因子涉及水深、流速、水温、基质和遮蔽物等，本书只重点考虑了水温因子。栖息地适宜度指数（Habitat Suitability Index，HSI）法是栖息地质量定量评估的经典方法，可用于建立生物对栖息地偏好与栖息地生境因子之间的定量关系，应用广泛。栖息地适宜度指数的数值范围在 0～1 之间，指数越靠近于 0 表示影响因子越不适宜鱼类生存；反之，越靠近于 1 表示影响因子越适宜鱼类生存。

水温适宜度的计算分为 3 步：首先需确定目标鱼类，然后建立目标鱼类水温的响应关系，最后计算水温适宜度。

1）确定目标鱼类。根据前文调研结果本书的目标保护鱼类有长丝裂腹鱼、短须裂腹鱼、细鳞裂腹鱼、鲈鲤 4 种。

2）目标鱼类水温的响应关系。本书通过文献调研建立了长丝裂腹鱼、短须裂腹鱼、细鳞裂腹鱼、鲈鲤产卵期与成鱼期的温度因子栖息地适配曲线，如图 5.1 所示。

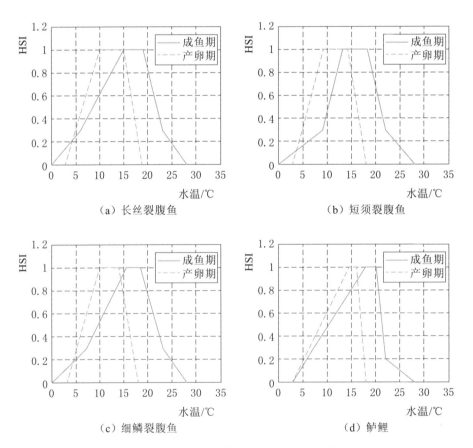

图 5.1 锦屏一级水电站下游重点保护鱼类温度适配曲线

长丝裂腹鱼是鲤科裂腹鱼属的一种鱼类,为冷水性鱼类,产卵期一般为3—4月,最适的产卵水温为10～15℃,成鱼的最适生长水温为15～19℃[2];短须裂腹鱼,属冷水性鱼类,自然条件下,一般在3—4月开始产卵,最适产卵水温为9～14℃,成鱼最适生长水温为13～18℃[101-102];细鳞裂腹鱼为冷水性鱼类,自然条件下的繁殖期为3—5月,在水温为10～14℃时最适宜产卵,成鱼的最适生长水温为15.5～18.5℃[2];鲈鲤为鲤形目鲤科鲈鲤属的鱼类,为亚冷水性鱼类,产卵期一般在每年的4—5月,在水温为14.5～16℃时最适宜产卵,成鱼的最适生长水温为18～20℃[2];相关重点保护鱼类生物特性见表5.2。

表5.2 锦屏一级水电站下游重点保护鱼类生物特性

名称	类别	繁殖期	最适繁殖水温阈值	最适生存水温阈值
长丝裂腹鱼	冷水鱼	3—4月	10～15℃	15～19℃
短须裂腹鱼	冷水鱼	3—4月	9～14℃	13～18℃
细鳞裂腹鱼	冷水鱼	3—5月	10～14℃	15.5～18.5℃
鲈鲤	亚冷水鱼	4—5月	14.5～16℃	18～20℃

3)水温适宜度计算。在鱼类的繁殖期内,依据繁殖期的温度适配曲线计算水温适宜度;在其余时段,依据成鱼的温度适配曲线计算水温适宜度。

5.2.2 各评价指标评分标准

本节基于各项指标的计算结果,制定了分层取水设施运行效果评价指标体系中各项指标的评分标准,详见表5.3。

表5.3 指标体系中各指标评分标准

二 级 指 标	评 分 标 准
分层取水设施运行对下泄水温提高度C1	分层取水设施运行后下泄水温提高度×100
下泄水温与历史同期水温接近度C2	下泄水温与历史同期水温接近度×100
长丝裂腹鱼对下泄水温适宜度C3	适宜度指数HSI×100

续表

二 级 指 标	评 分 标 准
短须裂腹鱼对下泄水温适宜度 C4	适宜度指数 HSI×100
细鳞裂腹鱼对下泄水温适宜度 C5	适宜度指数 HSI×100
鲈鲤对下泄水温适宜度 C6	适宜度指数 HSI×100

5.3　各评价指标权重确定

5.3.1　指标权重确定方法

指标权重确定是关系到评价体系是否能客观反映分层取水设施运行效果的关键。本书利用层次分析法，根据各指标的相对重要度，客观赋予各层级指标差异性的权重系数，并分层级计算各项指标权重，而后基于表 5.1 划分的各项指标层数结构，计算综合考虑对应一级指标权重和层级关系的各二级指标综合权重值，详细计算流程如下：

（1）层次结构搭建。基于各指标的属性，划分指标体系的层次结构，划分结果见表 5.1。

（2）判断矩阵构造。基于层次结构，对同一层级各项指标进行两两对比确定其重要度，并采用 1～9 的标度法，标记其重要度，构造判断矩阵。数字越大表示前者相对于后者的重要度越高，后者相对于前者的重要度以该数字的倒数表示[103-104]。表 5.4 所示为 1～9 标度的具体含义。

表 5.4　　　　　　　　　判 定 标 度 及 其 含 义

标 度	含 义
1	两项指标对比同等重要
3	两项指标对比前者较为重要
5	两项指标对比前者更为重要
7	两项指标对比前者非常重要

标　度	含　义
9	两项指标对比前者绝对重要
2，4，6，8	为上述两级判断间的中间值
1，1/2，…，1/9	若指标 i 相对 j 的重要度为 c_{ij}，则指标 j 相对于 i 的重要度为 $1/c_{ij}$

（3）权重向量计算。计算判断矩阵的权重向量，步骤如下：

1）计算判断矩阵每行元素的乘积

$$M_i = \prod_{j=1}^{n} c_{ij}, (i, j = 1, 2, \cdots, n) \tag{5.1}$$

2）计算 M_i 的 n 次方根 w_i

$$w_i = \sqrt[n]{M_i} \tag{5.2}$$

3）归一化特征向量，得到判断矩阵的权重向量 $W' = (w_1', w_2', \cdots, w_n')^{\mathrm{T}}$

$$w'_i = w_i / \sum_{j=1}^{n} w_j \tag{5.3}$$

（4）一致性检验。为检验判断矩阵在逻辑上的合理性和权重向量的可信度，需进行一致性检验。检验流程如下：

1）计算判断矩阵 A 的最大特征根 $\lambda_{\max}$

$$\lambda_{\max} = \sum_{i=1}^{n} \frac{(AW')_i}{nw'_i} \tag{5.4}$$

2）计算一致性指标 CI

$$CI = \frac{\lambda_{\max} - n}{n - 1} \tag{5.5}$$

3）计算一致性比率 CR

$$CR = \frac{CI}{RI} \tag{5.6}$$

式中：RI 为平均一致性指标，RI 取值见表 5.5。

表5.5　平均一致性指标 RI 对应不同矩阵阶数的取值

矩阵阶数 n	1	2	3	4	5	6	7	8	9
RI	0	0	0.58	0.89	1.12	1.24	1.32	1.41	1.45

计算得到一致性比率 CR 后，将之与 0.1 对比，若小于 0.1，表示通过一致性检验，否则需重新调整权重系数，直至通过一致性检验。

5.3.2　评价指标赋权

5.3.2.1　一级指标层权重的确定

基于各一级指标相对于总目标的重要度和指标间的相对重要度，计算了各项指标的权重值。锦屏一级水电站分层取水设施运行的主要目的在于减缓低温水下泄对目标鱼类繁殖的影响，因此下游关键生态目标水温适宜度 B3 应为首要目标，其次为分层取水设施运行对下泄水温提高度 B1 和下泄水温与历史同期水温接近度 B2。

构建用于计算各一级指标权重系数的判断矩阵，见表 5.6。

表 5.6　　　　　分层取水设施运行效果指标判断矩阵

分层取水设施运行效果	B1	B2	B3
B1	1	1	1/4
B2	1	1	1/4
B3	4	4	1

由式（5.1）～式（5.3）计算得权重向量 $W' = (0.1667, 0.1667, 0.6667)^{\mathrm{T}}$

经一致性检验 $AW' = \begin{bmatrix} 1 & 1 & 1/4 \\ 1 & 1 & 1/4 \\ 4 & 4 & 1 \end{bmatrix} \begin{bmatrix} 0.1667 \\ 0.1667 \\ 0.6667 \end{bmatrix} = \begin{bmatrix} 0.5000 \\ 0.5000 \\ 2.0003 \end{bmatrix}$

计算得，$\lambda_{\max} \approx 3$，$CR < 0.1$，通过一致性检验。

5.3.2.2　二级指标层权重的确定

对于二级指标只有一个的，权重系数赋值为 1，因此，指标 B1-C 和 B2-C 的权重系数为 1。对于 B3-C 由于包含的二级指标较多，因此首先根据前人的研究成果，结合物种的保护级别，赋予鱼类不同的重要度权重，详见表 5.7[2]。

表 5.7　　　　　　　　　**物种重要性权重赋值标准**

保 护 级 别	权重	保 护 级 别	权重
国家一级保护物种	10	省、流域特有种	4
全国特有种	8	省级保护物种	2
国家二级保护物种	6	无保护级别非特有种	1

长丝裂腹鱼是金沙江流域特有鱼类，短须裂腹鱼和鲈鲤属于长江上游特有鱼类，细鳞裂腹鱼属于四川特有鱼类。4 类鱼种均属省、流域特有种，然而鉴于其生存范围有较大差异，因此将其权重比例初步定义为长丝裂腹鱼：短须裂腹鱼：细鳞裂腹鱼：鲈鲤 = 4：5：3：5。由此，建立判断矩阵，并计算各因素权重（见表 5.8）。

表 5.8　　　　　　　　　**二级指标判断矩阵**

时间合理性	C1	C2	C3	C4
C1	1	4/5	4/3	4/5
C2	5/4	1	5/3	1
C3	3/4	3/5	1	3/5
C4	5/4	1	5/3	1

经由式（5.1）～式（5.3）计算得权重向量 $W' = (0.2353, 0.2941, 0.1765, 0.2941)^{\mathrm{T}}$

经一致性检验
$$AW' = \begin{bmatrix} 1 & 4/5 & 4/3 & 4/5 \\ 5/4 & 1 & 5/3 & 1 \\ 3/4 & 3/5 & 1 & 3/5 \\ 5/4 & 1 & 5/3 & 1 \end{bmatrix} \begin{bmatrix} 0.2353 \\ 0.2941 \\ 0.1765 \\ 0.2941 \end{bmatrix} = \begin{bmatrix} 0.9411 \\ 1.1764 \\ 0.7647 \\ 1.1764 \end{bmatrix}$$

计算得，$\lambda_{\max} \approx 4$，$CR < 0.1$，通过一致性检验。

整合各层级权重系数，利用一级指标权重系数乘以二级指标权重系数，计算得到各二级指标的总权重系数，完成分层取水设施运行效果评价体系的构建。表 5.9 所示为分层取水措施运行效果评价指标权重计算结果。

表 5.9　　分层取水措施运行效果评价指标权重汇总表

目标层	一级指标	权重	二级指标	权重	总权重
分层取水设施运行效果 A1	分层取水设施运行对下泄水温提高度 B1	0.1667	分层取水设施运行对下泄水温提高度 C1	1	0.1667
	下泄水温与历史同期水温接近度 B2	0.1667	下泄水温与历史同期水温接近度 C2	1	0.1667
	下游关键生态目标水温适宜度 B3	0.6667	长丝裂腹鱼对下泄水温适宜度 C3	0.2353	0.1569
			短须裂腹鱼对下泄水温适宜度 C4	0.2941	0.1961
			细鳞裂腹鱼对下泄水温适宜度 C5	0.1765	0.1177
			鲈鲤对下泄水温适宜度 C6	0.2941	0.1961

5.4　综　合　评　价

基于构建的分层取水措施运行效果评价体系，计算各项二级指标值，参照表 5.3 的评分标准，确定各项二级指标评分，结合表 5.9 给出的二级指标总权重，计算得到分层取水设施运行效果的综合评分，计算公式如下：

$$G = \sum_{i=1}^{n} g_i \times \beta_i \qquad (5.7)$$

式中：G 为分层取水设施运行效果的综合评分；g_i 为各项二级指标的评分；β_i 为二级指标对应的总权重值。

5.5　本　章　小　结

本章利用层次分析法建立了包含目标层、一级指标层和二级指标层 3 层结构的水库分层取水设施运行效果评价体系，一级指标层包含水温提高度、水温接近度和水温适宜度 3 项评价指标，二级指标层是对一级指标的具体细化，以实现对各指标的量化评估。在此基础上，定义了各二级指标的计算方法、评分标准，计算得到了各级指标的权重值及考虑到层级关系的二级指标综合权重值，建立了综合评价分层取水设施运行效果的指标体系。

第6章 水库分层取水设施
运行方案优化

本章利用第 5 章所构建的分层取水设施效果评价指标体系，基于第 4 章 AI 模型的预测结果，以丰、平、枯 3 种典型年为例，展示了分层取水设施运行方案的优化设计过程，提出了优化运行建议。

6.1 分层取水设施运行方案设计

根据锦屏一级方案分层取水设施的调度流程，叠梁门的运行期为 3—6 月，在满足一定水位要求的前提下，可选择不启用叠梁门、运行一层叠梁门、运行两层叠梁门和运行三层叠梁门中的 1 种或多种取水方案开展分层取水。本书首先根据各水文年在 3—6 月的水位条件，分时段设计了相应的分层取水设施运行方案。

丰水年水位条件下，3 月 1 日—5 月 13 日，库水位高于 1835m，可选择三层叠梁门、两层叠梁门、一层叠梁门或者不启用叠梁门 4 种叠梁门运行方案；5 月 14—25 日，库水位降至 1828～1835m，可选择两层叠梁门、一层叠梁门或者不启用叠梁门 3 种取水方案；5 月 26 日—6 月 1 日，库水位为 1814～1828m，可选用一层叠梁门或不启用叠梁门 2 种取水方案，6 月 2—30 日，水位低于 1814m，只有不启用叠梁门 1 种取水方案（见图 6.1）。

平水年水位条件下，3 月 1 日—4 月 5 日，库水位高于 1835m，可运行三层叠梁门、两层叠梁门、一层叠梁门或者不启用叠梁门；4 月 6—22 日，库水位为 1828～1835m，可运行两层叠梁门、一层叠梁门或者不启用叠梁门；4 月 23 日—5 月 27 日，库水位为 1814～1828m，可运行一层叠梁门或不启用叠梁门；5 月 28 日—6 月 30

日，水位低于 1814m，不能启用叠梁门（见图 6.2）。

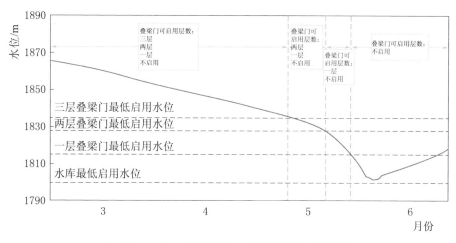

图 6.1 丰水年分层取水设施运行方案设计

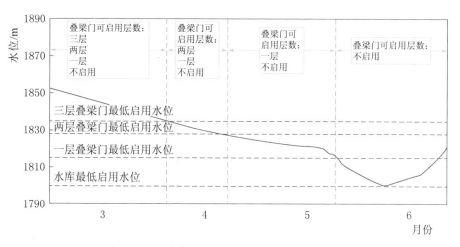

图 6.2 平水年分层取水设施运行方案设计

枯水年水位条件下，3 月 1—27 日，库水位高于 1835m，可启用三层叠梁门、两层叠梁门、一层叠梁门或者不启用叠梁门；3 月 28 日—4 月 8 日，库水位为 1828~1835m，可启用两层叠梁门、一层叠梁门或者不启用叠梁门；4 月 9 日—5 月 1 日，库水位继续下降，可启用一层叠梁门或不启用叠梁门，5 月 2 日—6 月 30 日，水位低于 1814m，不能启用叠梁门（见图 6.3）。

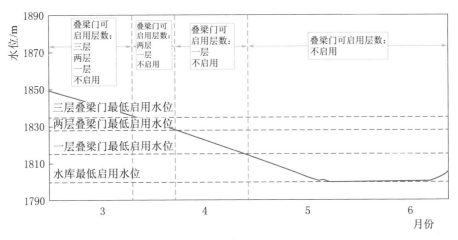

图 6.3　枯水年分层取水设施运行方案设计

6.2　不同运行方案分层取水效果评价

根据第 4 章的研究结论，LSTM 模型能够较为精准地预测不同调度方式下的水库下泄水温，因此，本节基于 4.2 节的 LSTM 对丰、平、枯 3 种典型年条件下的下泄水温预测结果，评估了不同分层取水方案下的运行效果。

6.2.1　分层取水设施运行对下泄水温的提高度

6.2.1.1　丰水年分层取水设施运行对下泄水温的提高度

丰水年水位条件下，3 月 1 日—5 月 13 日，有不启用叠梁门、一层叠梁门、两层叠梁门、三层叠梁门 4 种调度方案。根据 LSTM 模型的预测结果（见图 6.4），3 月中上旬，两层叠梁门和三层叠梁门方案下的下泄水温明显高于一层叠梁门或不启用叠梁门；3 月下旬开始至 5 月初，一层叠梁门方案下的下泄水温升至与两层叠梁门、三层叠梁门相近，但整体而言，依旧是三层叠梁门调度方案下的下泄水温最高，相应的水温提高度也最大；5 月中旬开始，两层叠梁门和三层叠梁门方案下的下泄水温开始明显升高，相对于不启用叠梁门，下泄水温分别提高约 1.7℃ 和 2.6℃。

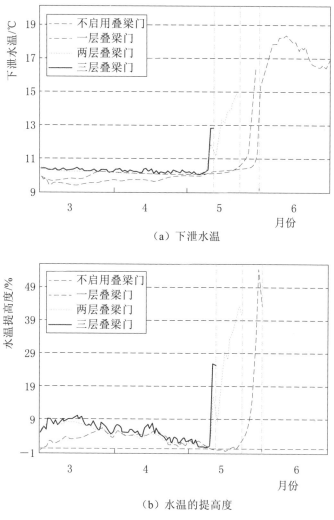

（a）下泄水温

（b）水温的提高度

图 6.4　丰水年下泄水温和水温的提高度

　　5 月 14 日起，水位降至 1835m 以下，不再满足三层叠梁门的运行水位要求，可运行的两层叠梁门、一层叠梁门和不启用叠梁门 3 种取水方案相比，不启用叠梁门与运行一层叠梁门时的下泄水温差异较小，两层叠梁门时的下泄水温明显高于二者，且存在随时间逐渐上升的趋势。具体而言，5 月 14—25 日的时段内，两层叠梁门工况的下泄水温较一层或不启用叠梁门高出 1~4.5℃。

5月26日—6月1日，水位继续下降，仅剩一层叠梁门和不启用叠梁门两种调度方案，两种方案下的水库下泄水温对比，一层叠梁门时的下泄水温明显高于不启用叠梁门，二者最大差异可达5℃。

6.2.1.2　平水年分层取水设施运行对下泄水温的提高度

平水年下泄水温和水温提高度如图6.5所示。3月1日—4月5日，不启用叠梁门、一层叠梁门、两层叠梁门和三层叠梁门调度方案的对比结果显示，随着叠梁门层数的增加，下泄水温呈逐渐上升趋势，由此说明，此时段内叠梁门的运行能够提高下泄水温。

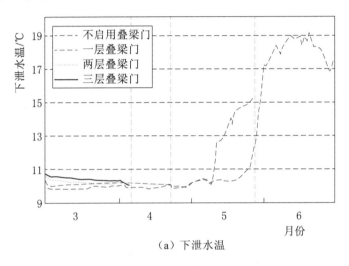

（a）下泄水温

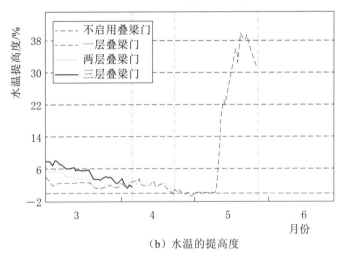

（b）水温的提高度

图6.5　平水年下泄水温和水温的提高度

4月6—22日，可选择的3种叠梁门调度方案相比，两层叠梁门和一层叠梁门的下泄水温相近，同时高于不启用叠梁门。

4月23日—5月27日，仅剩不启用叠梁门和一层叠梁门两种调度方案，二者对比结果显示，4月23日—5月11日，不启用叠梁门和启用一层叠梁门时的下泄水温差异不大；而5月12—27日，启用一层叠梁门的下泄水温明显高于不启用叠梁门，最大差值可达4℃（图6.5）。

6.2.1.3　枯水年分层取水设施运行对下泄水温的提高度

枯水年，受水位限制，叠梁门的可运行期较短，3月1—27日，随着叠梁门层数的增多，下泄水温有逐渐升高的趋势，其中由不启用叠梁门到加装一层叠梁门下泄水温的提升幅度最大，随后随着叠梁门层数的再次增加，下泄水温的增幅减少（见图6.6）。

3月28日—4月8日，不启用叠梁门、一层叠梁门和两层叠梁门3种调度方案对比，下泄水温较为接近。

4月9日—5月1日，不启用叠梁门与一层叠梁门两种工况的下泄水温差异较小。

综合来看，从下泄水温的提高度角度，枯水年叠梁门的运行对下泄水温的提高效果有限。

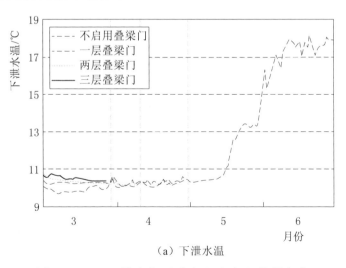

（a）下泄水温

图6.6（一）　枯水年下泄水温和水温的提高度

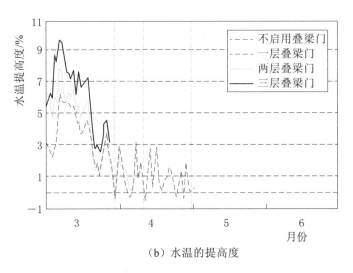

（b）水温的提高度

图 6.6（二） 枯水年下泄水温和水温的提高度

6.2.2 下泄水温与历史同期水温的接近度

6.2.2.1 丰水年下泄水温与历史同期水温的接近度

丰水年，3 月 1 日—5 月 13 日，不启用叠梁门、一层叠梁门、两层叠梁门、三层叠梁门 4 种调度方案的对比结果显示，3 月，两层叠梁门与三层叠梁门工况下下泄水温与历史水温最为接近，且高于一层叠梁门工况及不启用叠梁门工况；4 月，三层叠梁门、两层叠梁门和一层叠梁门工况下的下泄水温与历史水温接近度相似，且高于不启用叠梁门工况；5 月上旬 4 种工况下的下泄水温差异较小，因此与历史水温接近度的差异也较小；5 月 11 日起，两层叠梁门、三层叠梁门的下泄水温快速升高，因此与历史同期水温的接近度也快速提高。

5 月 14—25 日，两层叠梁门时的下泄水温高于一层或不启用叠梁门。

5 月 26 日—6 月 1 日，不启用叠梁门工况的下泄水温变化不大，而一层叠梁门工况的下泄水温迅速升高，与历史同期天然水温的接近度也显著提高（见图 6.7 和表 6.1）。

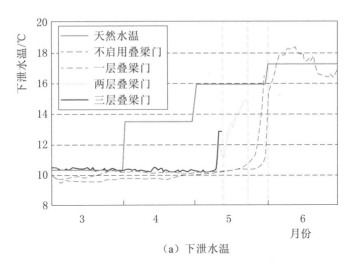

（a）下泄水温

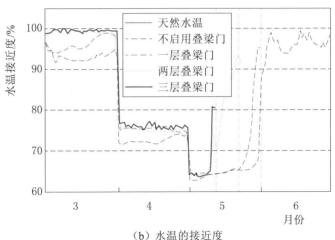

（b）水温的接近度

图 6.7   丰水年不同叠梁门运行方式下泄水温
与历史同期水温的接近度

表 6.1   丰水年分时段下泄水温与历史同期水温的平均接近度统计

时　　段	不启用叠梁门	一层叠梁门	两层叠梁门	三层叠梁门
3 月 1 日—5 月 13 日	79.79%	82.41%	83.78%	84.43%
5 月 14—25 日	64.87%	64.82%	83.89%	
5 月 26 日—6 月 1 日	67.36%	83.69%		
6 月 2—30 日	95.82%			

6.2.2.2　平水年下泄水温与历史同期水温的接近度

平水年，3月1日—4月5日，不启用叠梁门、一层叠梁门、两层叠梁门、三层叠梁门4种调度方案对比，其下泄水温与历史水温的平均接近度依次分别为 93.61％、95.72％、96.38％、96.05％，可见两层叠梁门时的下泄水温与历史同期天然水温最为接近（见图6.8和表6.2）。

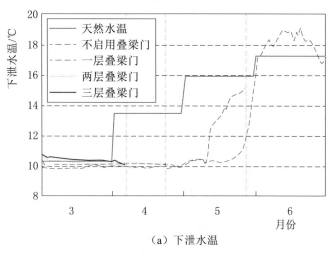

（a）下泄水温

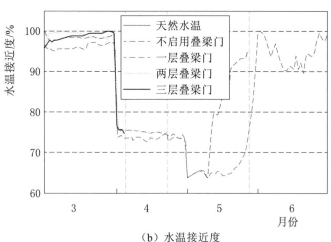

（b）水温接近度

图6.8　平水年不同叠梁门运行方式下泄水温
与历史同期水温的接近度

4月6—22日，可按照不启用叠梁门、一层叠梁门、两层叠梁门3种方案开展分层取水，3种方案对比，一层叠梁门和两层叠梁门的下泄水温与历史同期天然水温的接近度差异微弱，且略高于不启用叠梁门。

4月23日—5月27日，不启用叠梁门和一层叠梁门两种可用调度方案相比，一层叠梁门时的下泄水温更接近历史天然同期水温。

5月28日—6月30日，水位继续下降，叠梁门全部吊起，此时段内，下泄水温与历史同期水温的平均接近度为93.52%。

表6.2　平水年分时段下泄水温与历史同期水温的平均接近度统计

时　　段	不启用叠梁门	一层叠梁门	两层叠梁门	三层叠梁门
3月1日—4月5日	93.61%	95.72%	96.38%	96.05%
4月6—22日	73.53%	75.01%	75.16%	
4月23日—5月27日	67.49%	77.29%		
5月28日—6月30日	93.52%			

6.2.2.3　枯水年下泄水温与历史同期水温的接近度

枯水年，3月1—27日，有不启用叠梁门、一层叠梁门、两层叠梁门、三层叠梁门4种调度方案，对应下泄水温与历史水温的平均接近度依次分别为96.10%、99.55%、99.08%、97.91%，可见一层叠梁门时的下泄水温最接近历史同期天然水温（见表6.3和图6.9）。

表6.3　枯水年分时段下泄水温与历史同期水温的平均接近度统计

时　　段	不启用叠梁门	一层叠梁门	两层叠梁门	三层叠梁门
3月1—27日	96.10%	99.55%	99.08%	97.91%
3月28日—4月8日	80.94%	81.13%	81.11%	
4月9日—5月1日	75.62%	75.90%		
5月2日—6月30日	85.50%			

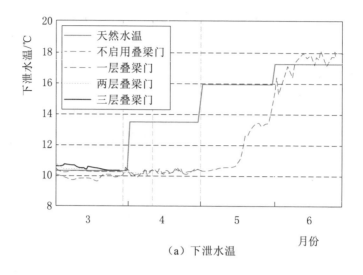

（a）下泄水温

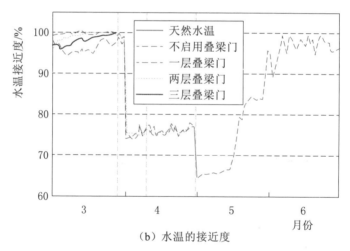

（b）水温的接近度

图 6.9　枯水年不同叠梁门运行方式下泄水温
与历史同期水温的接近度

　　3月28日—4月8日，有不启用叠梁门、一层叠梁门、两层叠梁门 3 种调度方案，几种调度方案下的下泄水温较为接近，与历史同期天然水温的平均接近度分别为 80.94%、81.13%、81.11%，可见一层和两层叠梁门调度方式下的下泄水温更为接近历史同期水温。

　　4月9日—5月1日，随着水位的降低，可运行的叠梁门调度方案仅剩不启用叠梁门和一层叠梁门两种，该时段内两种叠梁门运行方式的下泄水温没有显著差异，与历史同期水温的平均接近度分别为 75.62% 和 75.90%，由此可见，一层叠梁门调度方案下，下泄水温与历史同期天然水温的接近度更高。

5月1日—6月30日，水位继续下降，叠梁门全部吊起，此时段内，下泄水温与历史同期水温的平均接近度为 85.5%。

6.2.3　长丝裂腹鱼对下泄水温的适宜度

本节根据图5.1的鱼类温度适配曲线，计算了3—6月不同叠梁门调度方案下的栖息地适宜度。对于长丝裂腹鱼，其繁殖期为3—4月，因此3月、4月计算繁殖期的水温适宜度，5月、6月根据成鱼水温适配曲线计算水温适宜度。

6.2.3.1　丰水年长丝裂腹鱼对下泄水温的适宜度

丰水年的水温适宜度计算结果及对应评分如图6.10所示，在3—4月长丝裂腹鱼的繁殖期内，两层和三层叠梁门调度方案下的下泄水温全部处于最适繁殖水温区间内，3月下旬起，一层叠梁门调度方案的下泄水温也均处于最适繁殖水温区间，整个时段内，不启用叠梁门的下泄水温均低于最适繁殖水温。

5月开始，按照成鱼的水温适配曲线来分析长丝裂腹鱼对水温的适宜度。计算结果显示，5月10日之前，长丝裂腹鱼对4种调度方案下泄水温的适宜度没有显著差异；5月11日开始，三层叠梁门工况下鱼类对下泄水温的适宜度明显高于两层叠梁门高于一层或不启用叠梁门。

5月14—25日，可运行两层叠梁门、一层叠梁门或不启用叠梁门，计算结果显示，两层叠梁门工况的下泄水温明显比其余工况更适合长丝裂腹鱼生存。

5月26日—6月1日，可运行一层叠梁门或者不启用叠梁门，对于长丝裂腹鱼，一层叠梁门工况下的下泄水温更适宜生存。

6月2日起，受水位限制，只能吊起所有叠梁门，分层取水设施的运行方案不再具备可优化空间。

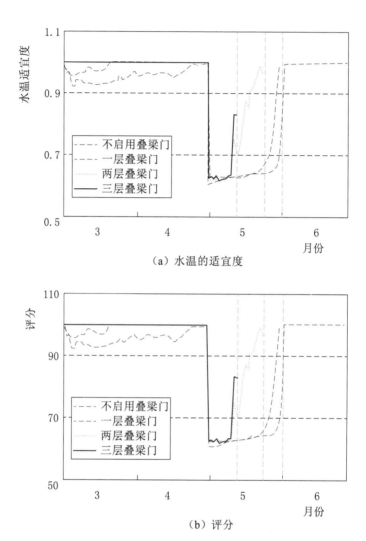

（a）水温的适宜度

（b）评分

图 6.10　丰水年不同叠梁门运行方案下长丝裂腹鱼
对下泄水温适宜度及其评分

6.2.3.2　平水年长丝裂腹鱼对下泄水温的适宜度

　　平水年，3 月 1 日—4 月 5 日，不启用叠梁门、一层叠梁门、两层叠梁门、三层叠梁门 4 种调度方案对比，除不启用叠梁门时的下泄水温略低于长丝裂腹鱼最适繁殖水温区间的下限外，其余 3 种工况下的下泄水温均处于长丝裂腹鱼的最适繁殖水温区间内（见图 6.11）。

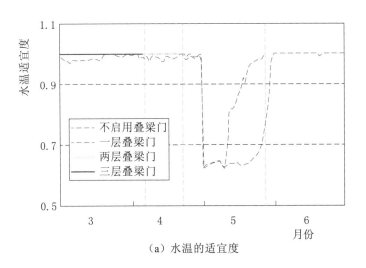

（a）水温的适宜度

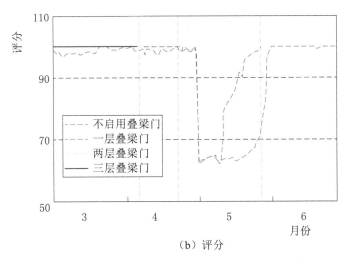

（b）评分

图 6.11　平水年不同叠梁门运行方案下长丝裂腹鱼
对下泄水温的适宜度及其评分

　　4 月 6—22 日，一层叠梁门和两层叠梁门调度方案下的水温均
处于长丝裂腹鱼的最适繁殖水温区间，而不启用叠梁门时的下泄水
温低于最适繁殖水温。

　　4 月 23—30 日，仅剩一层叠梁门和不启用叠梁门两种调度方案
可供选择，计算结果显示，长丝裂腹鱼对两种调度方案下的下泄水
温适宜度差异不大，均略低于最适繁殖水温。

5月开始，重点考虑成鱼对水温的适宜度，5月上旬两种调度方案下的水温适宜度差异微弱，5月11—27日，一层叠梁门工况下的水温适宜度显著高于不启用叠梁门。

6.2.3.3　枯水年长丝裂腹鱼对下泄水温的适宜度

枯水年的计算结果显示，3月1日至27日不启用叠梁门时，下泄水温多数时间低于长丝裂腹鱼的最适产卵水温，而其余叠梁门运行方案下，均能达到产卵期的最适水温需求（见图6.12）。

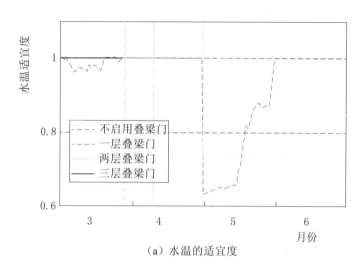

（a）水温的适宜度

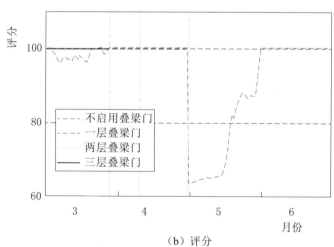

（b）评分

图6.12　枯水年不同叠梁门运行方案下长丝裂腹鱼
对下泄水温的适宜度及其评分

3月28日—4月8日，在不启用叠梁门、一层叠梁门和两层叠梁门的调度方案下，均可达到最适产卵水温需求。

4月9日—5月1日，在不启用叠梁门和一层叠梁门两种调度方案下，也均可达到最适产卵水温需求。

5—6月为非长丝裂腹鱼的主要繁殖期，因此根据成鱼的温度适配曲线计算水温适宜度。5月2日—6月30日，只有不启用叠梁门1种调度方案，计算结果显示，5月初，下泄水温较低，水温适宜度也较低，而后随水温的逐渐升高，适宜度也逐渐升高，至6月初，水温升高至长丝裂腹鱼成鱼的最适生存水温。

6.2.4 短须裂腹鱼对下泄水温的适宜度

对于短须裂腹鱼，其繁殖期同样为3—4月，故3—4月按照繁殖期水温适配曲线计算水温适宜度，5—6月开始按照短须裂腹鱼的成鱼温度适配曲线计算水温适宜度。

6.2.4.1 丰水年短须裂腹鱼对下泄水温的适宜度

丰水年的计算结果显示，在3—4月短须裂腹鱼的繁殖期内，不启用叠梁门、一层叠梁门、两层叠梁门和三层叠梁门取水方案下的下泄水温适宜度指数为均1，说明4种取水方案的下泄水温均处于短须裂腹鱼的最适繁殖水温区间（见图6.13）。5月1—13日，4种调度方案下的下泄水温适宜度指数较为接近，三层叠梁门取水方案下的水温相对最适合短须裂腹鱼生存，两层叠梁门方案下的次之，不启用叠梁门时的下水温适宜度指数相对最低。

5月14—25日，可运行两层叠梁门、一层叠梁门或不启用叠梁门，计算结果显示，一层叠梁门和不启用叠梁门时的下泄水温适宜度指数差异较小，且两层叠梁门时的水温适宜度指数显著高于二者，说明此时段内两层叠梁门取水方案下的下泄水温最适合短须裂腹鱼生存。

5月26日—6月1日，可运行一层叠梁门或者不启用叠梁门，适宜度指数计算结果显示，一层叠梁门工况下的下泄水温明显更适宜短须裂腹鱼生存。

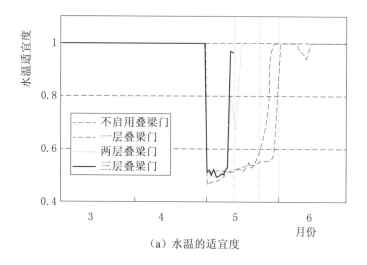

（a）水温的适宜度

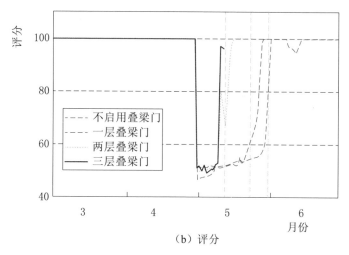

（b）评分

图 6.13　丰水年不同叠梁门运行方案下短须裂腹鱼
对下泄水温适宜度及其评分

　　6 月 2 日起，受水位限制，仅剩不启用叠梁门 1 种取水方案，随着下泄水温的逐渐提高，此时段内的下泄水温多处于短须裂腹鱼成鱼最适生存水温范围内。

6.2.4.2　平水年短须裂腹鱼对下泄水温适宜度

　　平水年的计算结果显示，3—4 月可选用的各分层取水方案的下泄水温均处于短须裂腹鱼的最适繁殖水温区间内（见图 6.14）。

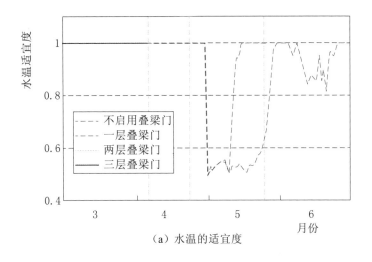

（a）水温的适宜度

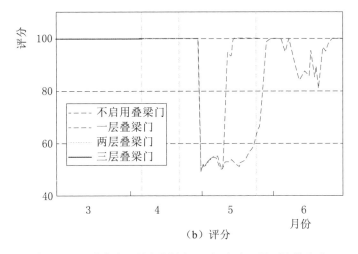

（b）评分

图 6.14 平水年不同叠梁门运行方案下短须裂腹鱼
对下泄水温适宜度及其评分

5月上旬，短须裂腹鱼对不启用和启用一层叠梁门两种取水方案的下泄水温适宜度接近，5月11—27日，一层叠梁门工况下的水温适宜度显著高于不启用叠梁门，且随时间推移适宜度逐渐上升，至5月16日后可达成鱼的最适生存水温区间。

5月28日之后仅可选择不启用叠梁门的取水方案，此时段内，下泄水温适宜度在0.8～1之间波动。

6.2.4.3 枯水年短须裂腹鱼对下泄水温的适宜度

枯水年的计算结果显示，3—4 月短须裂腹鱼的繁殖期内，不同时段及水位条件对应的多种调度方案下，下泄水温均能达到鱼类最适繁殖水温（见图 6.15）。

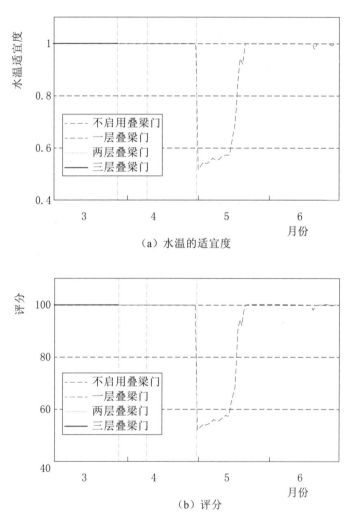

（a）水温的适宜度

（b）评分

图 6.15 枯水年不同叠梁门运行方案下短须裂腹鱼
对下泄水温适宜度及其评分

5—6 月开始按照短须裂腹鱼的成鱼温度适配曲线计算水温适宜度。5—6 月，由于水位较低，只能按照不安装叠梁门开展调度，

5月初下泄水温较低，水温适宜度也较低，而后随水温的逐渐升高，适宜度也逐渐升高，至6月初，水温升高至短须裂腹鱼成鱼的最适生存水温。

6.2.5　细鳞裂腹鱼对下泄水温的适宜度

细鳞裂腹鱼的繁殖期为3—5月，故3—5月按照繁殖期水温适配曲线计算水温适宜度，6月按照成鱼的水温适配曲线计算适宜度。

6.2.5.1　丰水年细鳞裂腹鱼对下泄水温的适宜度

丰水年的计算结果显示，3月中上旬，两层叠梁门、三层叠梁门的下泄水温处于细鳞裂腹鱼的最适繁殖水温区间，高于一层和不启用叠梁门；3月下旬至4月底，除不启用叠梁门外，其余取水方式的下泄水温均满足细鳞裂腹鱼的最适繁殖水温需求；5月起不启用叠梁门时的下泄水温也逐渐升高至最适繁殖水温区间，至此不启用叠梁门、一层叠梁门、两层叠梁门和三层叠梁门4种调度方案的下泄水温均满足细鳞裂腹鱼繁殖需求（见图6.16）。

5月14—25日，可运行两层叠梁门、一层叠梁门或不启用叠梁门，适宜度指数计算结果显示，一层叠梁门和不启用叠梁门时的下泄水温适宜度指数均为1，而两层叠梁门时的下泄水温在20日之后高出最适繁殖水温区间，因此适宜度指数低于1，由此说明，该时段一层叠梁门和不启用叠梁门的取水方案更适于细鳞裂腹鱼的产卵。

5月26日—6月1日，适宜度指数计算结果显示，一层叠梁门工况下的下泄水温较高，在部分时段超出了细鳞裂腹鱼的最适产卵水温区间，因此在5月30日—6月1日，水温适宜度指数明显降低。

6月2日起，受水位限制，仅剩不启用叠梁门1种取水方案，此时段内的下泄水温均处于细鳞裂腹鱼成鱼最适生存水温范围内。

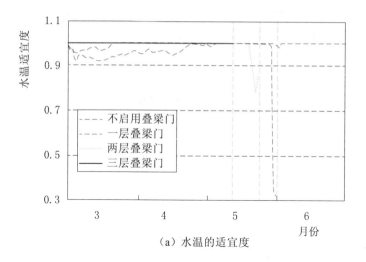

（a）水温的适宜度

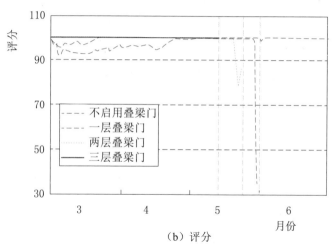

（b）评分

图 6.16　丰水年不同叠梁门运行方案下细鳞裂腹鱼
对下泄水温适宜度及其评分

6.2.5.2　平水年细鳞裂腹鱼对下泄水温的适宜度

平水年，3 月 1 日—4 月 5 日，不启用叠梁门、一层叠梁门、两层叠梁门、三层叠梁门 4 种调度方案对比，除不启用叠梁门时的下泄水温略低于细鳞裂腹鱼最适繁殖水温外，其余工况下泄水温均处于最适繁殖水温区间内（见图 6.17）。

4 月 6—22 日，一层叠梁门和两层叠梁门调度方案下的水温均处于细鳞裂腹鱼的最适繁殖水温区间内，不启用叠梁门时的下泄水温略低于最适繁殖水温。

4 月 23 日—5 月 19 日，一层叠梁门和不启用叠梁门两种调度方案下的水温适宜度指数差异较小，而 5 月 20—27 日，随着一层叠梁门取水方案下泄水温的逐渐提高，水温适宜度超出目标鱼类最适繁殖水温区间，因此适宜度指数显著降低。

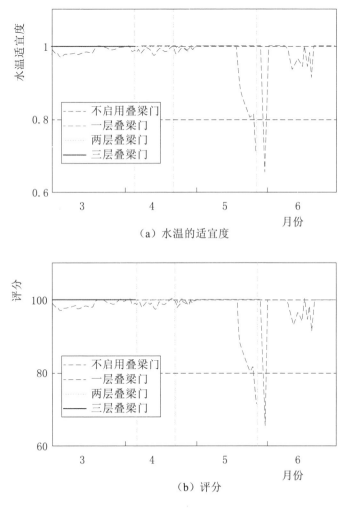

（a）水温的适宜度

（b）评分

图 6.17　平水年不同叠梁门运行方案下细鳞裂腹鱼
对下泄水温适宜度及其评分

5 月 28 日起，仅剩不启用叠梁门 1 种取水方式，此时段内，下泄水温随时间推移波动上升，水温适宜度也随之波动升高，至 6 月下旬稳定至成鱼最适繁殖水温范围内。

6.2.5.3　枯水年细鳞裂腹鱼对下泄水温适宜度

计算结果显示，3 月 1—27 日不启用叠梁门时，下泄水温多数时间低于细鳞裂腹鱼的最适产卵水温，而其余 3 种取水方案下，均能达到产卵期的最适水温需求；3 月 28 日—4 月 8 日，不启用叠梁门、一层叠梁门和两层叠梁门 3 种分层取水方案下，均可达到最适产卵水温需求；4 月 9 日—5 月 1 日，不启用叠梁门和一层叠梁门两种调度方案下，也均可达到最适产卵水温需求；5 月，只有不启用叠梁门 1 种运行方案，除 5 月 30 日和 5 月 31 日水温偏高外，其余时段水温均在细鳞裂腹鱼最适产卵水温范围内（见图 6.18）。

6 月开始按照细鳞裂腹鱼的成鱼温度适配曲线计算水温适宜度。6 月，受水位限制，按照不安装叠梁门开展调度，除 6 月 1 日和 6 月 2 日下泄水温略低于成鱼最适生长水温外，其余时段下泄水温均处于成鱼最适水温区间内。

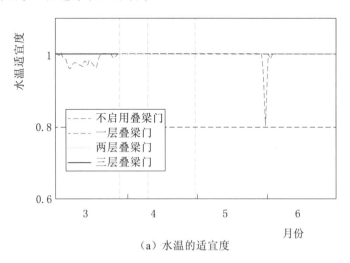

（a）水温的适宜度

图 6.18（一）　枯水年不同叠梁门运行方案下细鳞裂腹鱼
对下泄水温的适宜度及其评分

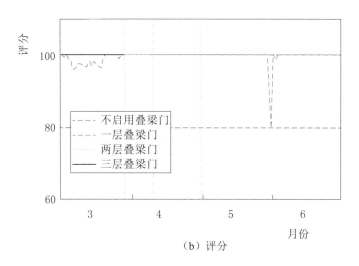

图 6.18（二） 枯水年不同叠梁门运行方案下细鳞裂腹鱼
对下泄水温的适宜度及其评分

6.2.6 鲈鲤对下泄水温的适宜度

6.2.6.1 丰水年鲈鲤对下泄水温的适宜度

鲈鲤属于亚冷水鱼类，最适产卵水温和最适生存水温均高于其余几种鱼类，其繁殖期在 4—5 月，因此 4—5 月按照成鱼的温度适配曲线计算水温适宜度，3 月和 6 月按照繁殖期的温度适配曲线计算水温适宜度。

3 月不是鲈鲤的主要繁殖期，时段内的水温适宜度按照成鱼水温适配曲线计算，结果显示，三层叠梁门和两层叠梁门工况下的下泄水温适宜度相近，且高于一层叠梁门高于不启用叠梁门（见图 6.19）。

4 月，开始进入鲈鲤的主要繁殖期，在 4 月 1 日—5 月 10 日，一层叠梁门、两层叠梁门和三层叠梁门 3 种取水方案下的下泄水温适宜度差异较小，且明显高于不启用叠梁门，5 月 11 日开始，三层叠梁门和两层叠梁门工况下的水温适宜度显著提高，尤其是三层叠梁门时的下泄水温明显更适于鲈鲤繁殖。

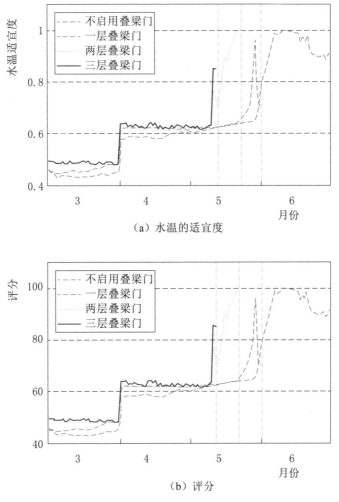

图 6.19　丰水年不同叠梁门运行方案下鲈鲤对下泄水温适宜度

5 月 14—25 日，有两层叠梁门、一层叠梁门或不启用叠梁门 3 种取水方案可供选择，适宜度指数计算结果显示，两层叠梁门时的下泄水温适宜度明显高于一层叠梁门和不启用叠梁门。

5 月 26 日—6 月 1 日，有一层叠梁门和不启用叠梁门两种分层取水方案可供优选，计算结果显示，一层叠梁门工况下的下泄水温适宜度明显高于不启用叠梁门工况下的。

6 月 2 日起，受水位限制，仅剩不启用叠梁门 1 种取水方案，此时段内的鲈鲤对下泄水温的适宜度指数高于0.9。

6.2.6.2 平水年鲈鲤对下泄水温的适宜度

平水年不同叠梁门运行方案下，鲈鲤对下泄水温的适宜度及对应评分结果如图6.20所示。3月，在可选择的不启用叠梁门、一层叠梁门、两层叠梁门、三层叠梁门4种调度方案中，三层叠梁门时的下泄水温适宜度高于两层叠梁门、一层叠梁门及不启用叠梁门工况下的；4月，开始进入鲈鲤的繁殖期，4月1—5日，一层叠梁门、两层叠梁门、三层叠梁门3种取水方案的下泄水温适宜度差异较小，且高于不启用叠梁门工况下的。

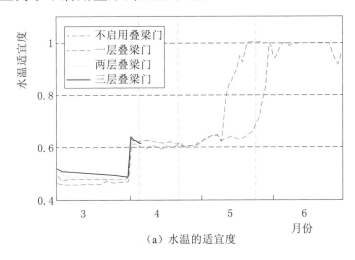

（a）水温的适宜度

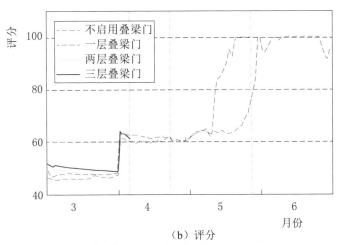

（b）评分

图6.20　平水年不同叠梁门运行方案下鲈鲤对下泄水温适宜度

4 月 6—22 日，有不启用叠梁门、一层叠梁门或两层叠梁门 3 种取水方案可供优选，对比结果显示，一层叠梁门和两层叠梁门调度方案下的水温适宜度差异较小，同时略高于不启用叠梁门的。

4 月 23 日—5 月 27 日，剩余一层叠梁门和不启用叠梁门两种调度方案，其中 4 月 23 日—5 月 10 日，两种方案下的水温适宜度指数差异较小；5 月 11 日起，一层叠梁门工况下的下泄水温适宜度显著高于不启用叠梁门工况下的。

5 月 28 日后，仅剩不启用叠梁门 1 种调度方案，此时段内，鲈鲤对下泄水温适宜度指数均高于 0.9。

6.2.6.3　枯水年鲈鲤对下泄水温适宜度

计算结果显示，3 月 1—27 日不同叠梁门运行方案下的下泄水温适宜度排序为：三层叠梁门＞两层叠梁门＞一层叠梁门＞不启用叠梁门；3 月 28 日—4 月 8 日，不启用叠梁门、一层叠梁门和两层叠梁门 3 种分层取水方案下的下泄水温差异较小，因而水温适宜度差异也较小，该时段内不启用叠梁门、一层叠梁门和两层叠梁门时的下泄水温平均适宜度分别为 0.5803、0.5831、0.5788；4 月 9 日—5 月 1 日，不启用叠梁门和一层叠梁门两种调度方案下的下泄水温平均适宜度分别为 0.6334、0.6367，可见一层叠梁门运行方案下的下泄水温适宜度略高；5 月开始，只有不启用叠梁门 1 种运行方案，随下泄水温的逐渐升高，适宜度指数也逐渐升高（见图 6.21）。

6.2.7　综合评价

基于评价指标体系的各项权重赋值和前文各指标的评价结果，本节综合评价了各典型年分层取水设施的运行效果。

6.2.7.1　丰水年分层取水设施运行效果综合评价

丰水年，3 月 1 日—5 月 13 日，共有不启用叠梁门、一层叠梁门、两层叠梁门、三层叠梁门 4 种调度方案可供选择。综合评价结果显示，除 5 月 11—13 日，三层叠梁门调度方案的运行效果综合评分显著高于两层叠梁门外，其余时段，二者综合评分差异微弱，说明二者的运行效果相近；同时与一层叠梁门和不启用叠梁门相

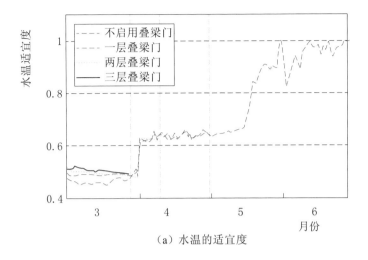

（a）水温的适宜度

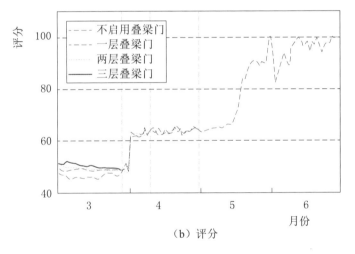

（b）评分

图 6.21　枯水年不同叠梁门运行方案下鲈鲤
对下泄水温适宜度及其评分

比，二者的运行效果综合评分略高于一层叠梁门，明显高于不启用
叠梁门，由此说明，该时段内，不同取水方案的运行效果评分排序
为：三层叠梁门≈两层叠梁门＞一层叠梁门＞不启用叠梁门（见
图 6.22）。

　　5 月 14—25 日，两层叠梁门的运行效果综合评分显著高于一层
叠梁门和不启用叠梁门，各取水方案的运行效果排序为：两层叠梁
门＞一层叠梁门≈不启用叠梁门。

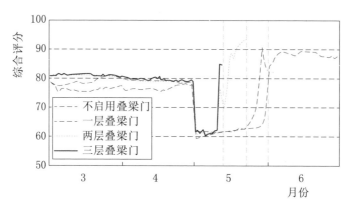

图 6.22　丰水年不同分层取水方案运行效果评价

5月26日—6月1日，可选用的一层叠梁门和不启用叠梁门方案相比，一层叠梁门运行效果明显好于不启用叠梁门。

6月2日至6月末，受水位限制不能启用叠梁门，但随着下泄水温的升高，不启用叠梁门工况下也能取得较好的运行效果。

综上所述，丰水年条件下，叠梁门的运行能够有效地提高下泄水体温度，使之尽可能接近历史同期水温，促进鱼类的生长繁殖。

6.2.7.2　平水年分层取水设施运行效果综合评价

平水年，3月1日—4月5日，可选择不启用叠梁门、一层叠梁门、两层叠梁门、三层叠梁门4种调度方案，各方案的综合评分结果显示，三层叠梁门与两层叠梁门方案下的下泄水温差异较小，同时高于一层叠梁门高于不启用叠梁门，因此时段内各取水方案的运行效果排序为：三层叠梁门≈两层叠梁门＞一层叠梁门＞不启用叠梁门（见图6.23）。

4月6—22日，可选择不启用叠梁门、一层叠梁门或两层叠梁门3种取水方案，三者的对比结果显示，一层叠梁门和两层叠梁门调度方案下的运行效果综合评分差异较小，同时略高于不启用叠梁门，运行效果排序为：两层叠梁门≈一层叠梁门＞不启用叠梁门。

4月23日—5月27日，剩余一层叠梁门和不启用叠梁门两种调度方案，其中4月23日—5月10日，两种方案下的运行效果差异较小；而 5 月 11 日起，一层叠梁门的运行效果综合评分明显高于不启用叠梁门的。

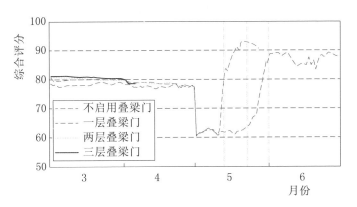

图 6.23　平水年不同分层取水方案运行效果评价

5 月 28 日后，仅剩不启用叠梁门 1 种调度方案，此时段内，受气象、入流水温等自然因素影响下泄水温逐渐提高，即使不启用叠梁门也能达到很好的运行效果。

综上所述，相对于丰水年，平水年多层叠梁门的可运行时间缩短，分层取水措施的运行效果也有所减弱，但在部分时段，分层取水设施的运行仍然能够在较大程度上提高下泄水温，使之满足鱼类的生长繁殖需求。

6.2.7.3　枯水年分层取水设施运行效果综合评价

枯水年，3 月 1—27 日，有不启用叠梁门、一层叠梁门、两层叠梁门、三层叠梁门 4 种调度方案，不启用叠梁门时运行效果评分最低，其余 3 种方案下的评分接近，因此运行效果排序为：三层叠梁门≈两层叠梁门≈一层叠梁门＞不启用叠梁门（见图 6.24）。

3 月 28 日—4 月 8 日，有不启用叠梁门、一层叠梁门、两层叠梁门 3 种调度方案，几种调度方案下的运行效果评分差异微弱。

4 月 9 日—5 月 1 日，可运行的叠梁门调度方案仅剩不启用叠梁门和一层叠梁门两种，时段内两种方案运行效果评分依旧没有显著差异，说明两种方案的运行效果相近。

5 月 1 日起，仅剩不启用叠梁门 1 种取水方案，评分结果随时间的推移逐渐上升。

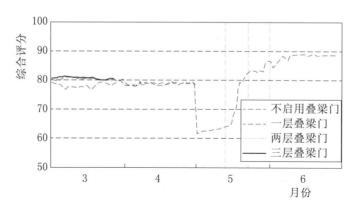

图 6.24 枯水年不同分层取水方案运行效果评价

因此，总体来看，枯水年叠梁门的可运行时间在 3 种典型水文年中最短，运行效果也最不明显。

6.3 分层取水设施运行效果与发电效益权衡

本书构建的分层取水设施运行效果评估体系，仅从生态环境效益方面考虑了分层取水设施的运行效果，然而对于锦屏一级水电站而言，除满足生态和防洪需求外，还需满足其主要设计功能——发电。水库的发电效益与生态效益往往处于相互矛盾的位置，如何权衡二者的关系，以获取综合效益的最大化，需要电站管理者根据实际需求权衡调整，不可一概而论，因此本书并未将发电效益纳入指标体系，而是单独提炼，作为一个独立指标进行考量。

本节根据不同水文年的来流条件及电站的最大引水流量，估算了不同工况下，水电站的发电量和分层取水设施运行导致的发电损失量，用以权衡分层取水设施带来的生态效益和造成的发电损失，计算公式如下：

$$W_i = \sum_{i=1}^{n} g \cdot \eta [H_1(t) - H_2(t) - H_3(t)] \cdot Q(t) \cdot \Delta t \quad (6.1)$$

$$E_i = (W_i - W_0)/W_0 \qquad (6.2)$$

式中：W_i 为 3—6 月不同叠梁门运行工况下的总发电量，kW·h；i 为叠梁门的运行层数，取值范围是 0～3；η 为电站的机组效率，根据锦屏一级水电站水轮机的主要参数，其额定效率为 94.29%[105]；g 为重力加速度；$H_1(t)$ 为 t 时段水库库水位；$H_2(t)$ 为 t 时段水库尾水位；$H_3(t)$ 为水头损失；$Q(t)$ 为发电流量；E_i 为叠梁门运行期的发电损失。

取水口处布设叠梁门时，水体流经叠梁门顶 90°转弯后进入叠梁门井，后由叠梁门井再经 90°转弯进入取水口，因此 $H_3(t)$ 水头损失显著增加。启用一层叠梁门时的水头损失系数是不启用叠梁门时的 3.42 倍，同时随着层数的增多，叠梁门高度增加，水头损失也相应增大，安装层数不大于 2 时，每层叠梁门高 14m，每加装一层叠梁门，水头损失系数约增加 12%，加装第三层叠梁门时，叠梁门高 7m，水头损失系数增加 6%。经计算，不启用叠梁门、一层叠梁门、两层叠梁门和三层叠梁门的水头损失依次分别为 0.3248m 水柱、1.1002m 水柱、1.2276m 水柱、1.3749m 水柱[2]。

通过对比不同工况下的发电损失量，本书发现对所有工况条件而言，随着叠梁门层数的增多，发电损失量也随之增大。同时，丰水年条件下，随着叠梁门层数增多，发电损失量增加最多；平水年次之，枯水年增加相对最少（见图 6.25）。

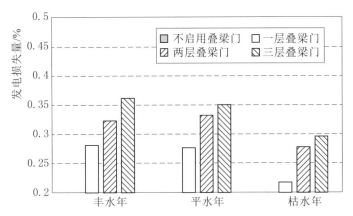

图 6.25　分层取水设施运行效果评分及对应的发电损失量

6.4 分层设施运行优化方案推荐

本节根据分层取水设施运行效果评分结果和叠梁门层数越多发电损失量越大的研究结论，从重点考虑生态效益的角度出发，在生态效益相近时，再考虑发电效益，提出了针对不同水文年的各时段分层取水设施的优化运行建议。

6.4.1 丰水年分层取水设施运行方案优化建议

丰水年，3月1日—5月13日，共有不启用叠梁门、一层叠梁门、两层叠梁门、三层叠梁门4种调度方案可供选择。根据6.3节的综合评价结果，仅从生态效益的角度考虑，三层叠梁门和两层叠梁门2种分层取水方案均能取得较好的调度效果，可作为备选方案；在此基础上，考虑到发电效益时，两层叠梁门时的发电损失量更低，因此，可优先选择两层叠梁门的取水方案。

5月14—25日，两层叠梁门的运行效果综合评分显著高于一层叠梁门和不启用叠梁门，因此应优先选用两层叠梁门的运行方式。

5月26日—6月1日，一层叠梁门运行效果明显好于不启用叠梁门，因此建议优先选用一层叠梁门的取水方案。

6月2日—6月30日，受水位限制需吊起所有叠梁门。

6.4.2 平水年分层取水设施运行方案优化建议

平水年，3月1日—4月5日，各取水方案的运行效果排序为：三层叠梁门≈两层叠梁门＞一层叠梁门＞不启用叠梁门，因此从生态效益最大化的角度，三层叠梁门和两层叠梁门均可作为取水方案；在此基础上，考虑到发电损失量及加装难度的问题，建议优先选用两层叠梁门的取水方案。

4月6—22日，可选择不启用叠梁门、一层叠梁门和两层叠梁门3种取水方案，各运行效果排序为：两层叠梁门≈一层叠梁门＞不启用叠梁门，因此仅从生态效益的角度而言，选择一层叠梁门或两层叠梁门的生态效益差异不大；但考虑到发电损失量的问题，建议选用一层叠梁门。

4月23日—5月27日，剩余一层叠梁门和不启用叠梁门两种调度方案，其中4月23日—5月10日，两种方案下的运行效果差异较小，综合考虑生态效益和发电效益时，可选用不启用叠梁门的调度方案；然而自5月11日起，一层叠梁门方案下的生态效益明显高于不启用叠梁门，而叠梁门的加装耗时耗力，因此从保障生态效益和考虑叠梁门起落难度的角度，建议在4月23日—5月27日整个时段内，执行一层叠梁门的调度方案。

5月28日后，仅剩不启用叠梁门1种调度方案。

6.4.3 枯水年分层取水设施运行方案优化建议

枯水年，3月1—27日，可按照不启用叠梁门、一层叠梁门、两层叠梁门、三层叠梁门4种方案开展分层取水，此时段内不启用叠梁门时运行效果评分最低，其余3种方案下的评分接近；同时，考虑到发电效益时，由于随叠梁门层数的增多发电损失量增加，在分层取水设施运行效果评分接近时，可优先选用层数较少的叠梁门运行方式。因此，此时段内推荐选用一层叠梁门的取水方案。

3月28日—4月8日，可选用不启用叠梁门、一层叠梁门、两层叠梁门3种调度方案。根据不同方案运行效果评分结果，仅从生态效益的角度而言，选择不启用叠梁门、一层叠梁门或两层叠梁门的运行效果不大；但考虑到发电效益时，从减少发电损失的角度或可选择不启用叠梁门。

4月9日—5月1日，可运行的叠梁门调度方案为不启用叠梁门和一层叠梁门两种。仅考虑生态效益时，根据评分结果，两种取水方案均可作为备选方案；而考虑到发电效益时，可选择不启用叠梁门来降低发电损失。

5月1日—6月30日，水位继续下降，只能执行不启用叠梁门1种调度方案。

综上所述，考虑到研究结果的实际应用，管理人员首先可根据当前水位条件和水库功能目标设计不同的分层取水方案；而后利用本书构建的 AI 水温快速预测模型，结合水库的出入流信息和气象信息等数据，计算出不同方案下的下泄水温；预测结果代入分层取水设施运行效果评估体系，得出不同方案的运行效果评分；参照不同取水方案下的发电损失量计算结果，给出生态效益最优的分层取水设施运行方案推荐和综合考量生态与发电效益的最优运行方案推荐。此外本书所构建的 AI 水温快速预测模型，可精准地预测 7 天内的下泄水温过程，同时对 30 天以内的下泄水温预测也可达到平均绝对误差低于 0.4℃的精确度，因此可提前制定分层取水方案，为叠梁门的起落留出一定的操作时间。

6.5　本　章　小　结

本章整合前文研究结果，提出了分层取水设施运行方案的优化设计流程，并以丰、平、枯 3 种典型年为例，阐述了具体的方案设计、效果评估及方案优选过程，主要研究结论如下：

（1）提出了分层取水设施运行方案的优化设计流程。首先，根据水库水位条件和功能目标设计不同的分层取水方案；而后利用 AI 水温快速预测模型，预测不同方案的下泄水温；代入分层取水设施运行效果评估体系，得出不同方案的运行效果评分；参照不同取水方案下的发电损失量计算结果，给出生态效益最优的分层取水设施运行方案推荐和综合考量生态与发电效益的最优运行方案推荐。

（2）根据分层取水设施运行效果的评价结果，结合不同水文年的水位条件，分时段提出了分层取水设施的优化运行方案建议。总体而言，从生态效益的角度出发，多层叠梁门运行方案下的生态效益一般较高，可作为优先备选方案；但当几种叠梁门运行方案的生态效益相近时，出于发电效益的考量，可优先选择叠梁门运行层数较少的方案，以降低发电损失量。

第7章 结 论 与 展 望

水库分层取水设施是缓减低温水下泄对生态环境影响的主要措施。经过 20 多年的发展，分层取水设施逐步投入运行，根据实时来水情况实施有效运行调度并提升运行效果是工程运行中亟待解决的前瞻性技术问题。本书针对分层取水设施在实际运行中存在的问题，利用 AI 算法的技术优势，结合传统数学模型建立了 AI 模型训练所需的数据集，构建并训练出能够实现下泄水温预测的 AI 水库下泄水温快速预报模型，开展了分层取水设施运行效果评估，以期为分层取水设施的运行和优化提供技术和方法借鉴。

7.1 主 要 结 论

（1）搭建了 AI 算法的水温预测模型框架，并基于 Python 语言自主编制了相关计算程序。程序核心模块包括 SVR、BP、RNN、LSTM、GRU 5 个子模块，具有参数设定、模型训练及存储、模型调用及预测等功能，同时程序兼具数据的前后处理功能。

（2）训练样本的数量和质量是影响 AI 模型性能的关键。为保证 AI 模型的训练样本充足，参考国际经验，设计了 108 种锦屏一级水电站实际运行过程中可能面临的各类流量、气象、入流水温和叠梁门运行方案等工况场景，以具有物理意义的 EFDC 模型，模拟设计工况下的水库水温分布和下泄水温过程，整理设计边界工况和 EFDC 模拟结果，形成了包含近 2 万条一一对应的流量数据、气象数据、水温数据、叠梁门运行数据及 EFDC 模拟得出的水库水温分布数据和下泄水温数据的 AI 模型训练数据集。

（3）通过输入因子优选、参数优化，搭建了可用于锦屏一级水库下泄水温预测的机器学习模型。研究结果显示，以水库的主支库入流量、主支库入流水温、出库流量、叠梁门运行方式、取水口深度、气温、太阳辐照度、相对湿度、风速等作为模型的输入因子，以水库下泄水温作为模型输出，搭建的 AI 模型能够实现对下泄水温的精准预测。

（4）对比了 SVR 和 BP 两种传统机器学习算法和 RNN、LSTM、GRU 3 种新型深度学习算法的预测性能，结果显示：3 种深度学习算法，尤其是 LSTM 和 GRU 算法的预测精度明显更高、不确定性更低，具有良好的工程实用性。同时，AI 模型可以通过建立关键影响因子历史数据与当前时段下泄水温之间的响应关系，实现对简单运行工况下（不启用叠梁门）15 天内下泄水温的较高精度预测，以及复杂运行条件下（启用叠梁门）7 天内下泄水温的较高精度预测，可为分层取水方案制定和叠梁门的起落预留操作时间。

（5）相比于传统的 EFDC 等数学模型，训练完成后的 AI 模型操作使用方便，仅需输入当前时刻的各项输入因子数据，即可完成对下泄水温的预测，同时模型的预测速度可达秒级响应，远远高于传统数学模型，能够满足水库调度的快速决策需求。

（6）本书基于层次分析法，构建了分层取水设施效果评价指标体系；同时基于指标体系和 AI 水温快速预测模型，提出了"方案设计-下泄水温预测-效果评估-优化比选"的分层取水设施运行方案优化设计流程。并以丰、平、枯 3 种典型年为例，展示了取水方案的优化设计过程。结果显示：总体而言，从生态效益的角度出发，多层叠梁门运行方案下的生态效益一般较高，可作为优先备选方案；但当几种叠梁门运行方案的生态效益相近时，出于发电效益的考量，可优先选择叠梁门运行层数较少的方案，以降低发电损失量。

7.2　研　究　展　望

目前我国已从水电建设高峰期逐渐步入后水电时代，我国水电工程的生态环保措施大多处于探索实践或试运行阶段，相应的管理技术和经验相对缺乏，生态环境保护设施的有效运行和适应性管理将是未来研究的重点。本书以锦屏一级电站为研究对象，结合传统数学模型和 AI 模型的优势，开展了水库下水温快速预测模型研究，取得了一定的成果，但仍有大量工作需要进一步开展和完善。

（1）采用分层取水设施的大型水库下泄水温实测资料缺乏或系列长度不够，限制了相关研究工作的开展和模型性能的进一步提升，因此后续工作中应注重开展水温原型观测及数据资料积累。

（2）本书的侧重点在于下泄水温的快速预报，主要开展了基于 AI 算法的下泄水温模拟研究，未来可将水温快速预报模型嵌入水库优化调度模块中，实现对下泄水温过程的优化。

（3）本书构建的 AI 水温预测模型实现了对下泄水温的预测，在未来的研究中可探索结合 CNN 算法等深度学习算法实现对坝前二维水温结构的反演。

（4）本书在研究分层取水设施效果评价时，仅考虑了分层取水设施运行对下泄水温时空分布和下游重点鱼类生存繁殖的影响，在评价指标的选取和定量化方面还有待进一步深入和细化。

（5）在未来的研究中，对 AI 技术在水温预测中的应用研究需要进一步深化，不断完善自主开发程序的功能，实现界面的可视化。

参　考　文　献

［1］　刘六宴，温丽萍．中国高坝大库统计分析［J］．水利建设与管理，2016
　　　　（9）：12-16.

［2］　陈秀铜．改进低温下泄水不利影响的水库生态调度方法及影响研究
　　　　［D］．武汉：武汉大学，2010.

［3］　张士杰，刘昌明，谭红武，等．水库低温水的生态影响及工程对策研
　　　　究［J］．中国生态农业学报，2011，（6）：1412-1416.

［4］　张东亚．水利水电工程对鱼类的影响及保护措施［J］．水资源保护，
　　　　2011，27（5）：75-77.

［5］　纪道斌，龙良红，徐慧，等．梯级水库建设对水环境的累积影响研究
　　　　进展［J］．水利水电科技进展，2017（3）：7-14.

［6］　吴莉莉，王惠民，吴时强．水库的水温分层及其改善措施［J］．水电站
　　　　设计，2007（3）：99-102.

［7］　脱友才，周晨阳，梁瑞峰，等．水电开发对大渡河瀑布沟以下河段的
　　　　水温影响［J］．水科学进展，2016（2）：299-306.

［8］　张士杰，彭文启，刘昌明．高坝大库分层取水措施比选研究［J］．水利
　　　　学报，2012（6）：27-32.

［9］　薛联芳，颜剑波．水库水温结构影响因素及与下泄水温的变化关系
　　　　［J］．环境影响评价，2016a，38（3）：29-31，56.

［10］　刘欣，陈能平，肖德序，等．光照水电站进水口分层取水设计［J］．贵
　　　　州水力发电，2008，22（5）：33-35.

［11］　邓伟铸，徐婉明，刘斌，等．大型水库不同取水方式对下游鱼类生态
　　　　环境影响研究——以贵州省夹岩水利枢纽工程为例［J］．人民珠江，
　　　　2019（8）：57-62.

［12］　徐天宝，谢强富，吴松．西南某水电站分层取水措施效果预测［J］．环
　　　　境影响评价，2016，38（3）：49-52.

［13］　潘教峰，张晓林．第四范式：数据密集型科学发现［M］．北京：科学出
　　　　版社，2012.

［14］　顾峥，高阳．第四范式视角下的大数据科学［J］．南京信息工程大学学

报（自然科学版），2019（3）：251－255.

[15] 梁娜，曾燕. 推进数据密集科学发现 提升科技创新能力：新模式，新方法，新挑战——《第四范式：数据密集型科学发现》译著出版 [J]. 中国科学院院刊，2013（1）：115－121.

[16] YANG T，GAO X，SOROOSHIAN S，et al. Simulating California reservoir operation using the classification and regression-tree algorithm combined with a shuffled cross-validation scheme [J]. Water Resoures Research，2016，52，1626－1651.

[17] ZHANG D，LIN J，PENG Q，et al. Modeling and simulating of reservoir operation using the artificial neural network，support vector regression，deep learning algorithm [J]. Journal of Hydrology，2018，565：720－736.

[18] 刘亚新，樊启祥，尚毅梓，等. 基于 LSTM 神经网络的水电站短期水位预测方法 [J]. 水利水电科技进展，2019（2）：56－60.

[19] 匡亮，张鹏，杨洪雨，等. 梯级水库叠梁门分层取水水温改善效果的衰减 [J]. 长江流域资源与环境，2019，28（5）：244－251.

[20] 常剑波，陈永柏，高勇，等. 水利水电工程对鱼类的影响及减缓对策 [M]. 北京：中国环境科学出版社，2006：239－253.

[21] 骆辉煌，李倩，李翀. 金沙江下游梯级开发对长江上游保护区鱼类繁殖的水温影响 [J]. 中国水利水电科学研究院学报，2012（4）：256－259.

[22] 邓云，肖尧，脱友才，等. 三峡工程对宜昌—监利河段水温情势的影响分析 [J]. 水科学进展，2016，27（4）：551－560.

[23] 李娟，李兰，杨梦斐，等 水库不同取水方案对下游河道水生态影响的预测分析 [J]. 中国农村水利水电，2011（3）：26－30.

[24] CHAVEZ - ULLOA R，GERARDO U，SPRINGER M. Downstream effects of hydropower production on aquatic macroinvertebrate assemblages in two rivers in Costa Rica [J]. Revista de biologia tropical，2014，62（supl. 2）：177－199.

[25] 张陆良，孙大东. 高坝大水库下泄水水温影响及减缓措施初探 [J]. 水电站设计，2009，25（1）：76－78.

[26] 薛联芳，顾洪宾，冯云海. 减缓水电工程水温影响的调控措施与建议 [J]. 环境影响评价，2016，38（3）：5－8.

[27] 王雅慧，李兰，卞俊杰. 水库水温模拟研究综述 [J]. 三峡环境与生

态，2012，34（3）：29－36.

[28] 王春燕.大中型水库水温预测方法研究 ［D］.南京：河海大学，2008.

[29] 段文刚，王才欢，杜兰，等.大型分层取水电站进口水力学研究进展 ［J］.长江科学院院报，2013，30（8）：5－9.

[30] 张少雄.大型水库分层取水下泄水温研究 ［D］.天津：天津大学，2012.

[31] 高学平，张少雄，张晨.糯扎渡水电站多层进水口下泄水温三维数值模拟 ［J］.水力发电学报，2012，31（1）：196－203.

[32] 高志芹，赵洪明，董绍尧.糯扎渡水电站进水口叠梁门分层取水研究 ［J］.水力发电，2012（9）：39－41，62.

[33] 陈弘.大型水库分层取水下泄水温模型试验与数值模拟研究 ［D］.天津：天津大学，2013.

[34] 任庆钰.侧式分层取水下泄水温研究 ［D］.天津：天津大学，2014.

[35] 耿桂先.水库表层取水设施的布置 ［J］.云南水力发电，1999（3）：67－70.

[36] 林虹.虹吸式放水涵在云台水库的应用 ［J］.广东水利水电，2001（5）：55－56.

[37] 黄石养.虹吸式放水涵管在小型水库工程中的应用 ［J］.中国西部科技，2006（17）：23－24.

[38] 练继建，杜慧超，马超.隔水幕布改善深水水库下泄低温水效果研究 ［J］.水利学报，2016，47（7）：942－948.

[39] 孙昕，叶丽丽，黄廷林，等.破坏水库水温分层系统的能量效率估算：以金盆水库为例 ［J］.中国环境科学，2014，34（11）：2781－2787.

[40] 孙昕，卞晶，解岳，等.曝气诱导内波破坏水库水温分层的过程与效果 ［J］.中国环境科学，2015，35（2）：434－441.

[41] SHERMAN B，TODD C，KOEHN J，et al. Modelling the impact and potential mitigation of cold water pollution on Murray cod populations downstream of Hume Dam，Australia ［J］. River Research & Applications，2007，23（4）：377－389.

[42] 邵凌峰，张悦，申显柱，等.大中型水电站分层取水方案分析 ［J］.小水电，2019（5）：14－16.

[43] 傅菁菁.叠梁门分层取水对下泄水温的改善效果 ［J］.天津大学学报（自然科学与工程技术版），2014，47（7）：589－595.

[44] 李坤，曹晓红，温静雅，等.糯扎渡水电站叠梁门试运行期实测水温与数值模拟水温对比分析 [J].水利水电技术，2017，48（11）：156-162.

[45] 陈栋为，陈国柱，赵再兴，等.贵州光照水电站叠梁门分层取水效果监测 [J].环境影响评价，2016，38（3）：45-48，52.

[46] ORLOB G，SELNA L. Temperature variations in deep reservoirs [J]. Journal of the Hydraulics Division，1970，96：391-410.

[47] HUBER W，HARLEMAN D，RYAN P. Temperature prediction in stratified reservoirs [J]. Journal of the Hydraulics Division，1972，98：645-666.

[48] 范乐年，柳新之.湖泊、水库和冷却池水温预报通用模型 [G].水利水电科学研究论文——第17集（冷却水）.北京：水利电力出版社，1984.

[49] 戚琪，彭虹，张万顺，等.丹江口水库垂向水温模型研究 [J].人民长江，2007，38（2）：51-53.

[50] 陈娟，蔡琼.水库垂向一维水温模型研究与应用 [J].科学咨询：科技·管理，2010（34）：71-72.

[51] TM COLE，EMBUCHAK. CE-QUAL-W2：A two-dimensional，laterally averaged，hydrodynamic and water quality model，version 2.0. User Manual [M]. Civil and Environmental Engineering Faculty Publications and Presentations. 2003.

[52] 陈小红.湖泊水库垂向二维水温分布预测 [J].武汉大学学报工学版，1992（4）：376-383.

[53] HAMRICK J M. A three-dimensional environmental fluid dynamics computer code：theoretical and computational aspects [Z]. The college of William and Mary，Virginia Insititue of Marine Science，1992.

[54] HAMRICK J M. Users's manua for environmental fluid dynamics computer code [Z]. Virginia Insitute of Marine Science，1996.

[55] CHARLES S，THOMAS G，NEASSAN F. An analysis of RNG base turbulent models for homogeneous shear flow [J]. Physics of Fluids，1991，3（9）：2278-2281.

[56] TIM W，ROBERT A，JAMES M. Water quality analysis simulation program（WASP）version 6.0，Draft：User's manual [EB/OL]. http：

//www. epa. gov/athens/wwqtsc/html/wasp. html，2009. 403 - 431.

[57] AMBROSE R. WASP4，a hydrodynamics and water quality model theory，user's manual and programmers guide ［Z］. U. S. Environmental Protection Agency，Athens，GA. 1988.

[58] HIRT C W，NICHOLS B D. Volume of fluid（VOF）method for the dynamics of free boundaries ［J］. Journal of Computational Physics，39（1）：201 - 225

[59] BLUMBERG A，MELLOR G. A description of a three - dimensional coastal ocean circulation model ［J］. Coastal and Estuarine Sciences，1987，4：1 - 16.

[60] Danish Hydraulic Institute. MIKE3 estuarine and coastal hydraulics and user guide ［Z］. 2002.

[61] Danish Hydraulic Institute. MIKE3 estuarine and oceanography user guide ［Z］. 2000.

[62] Delft Hydraulics Institute. Delft3d - flow user's manual ［Z］. 2001.

[63] 郑铁刚，孙双科，柳海涛，等. 大型分层型水库下泄水温对取水高程敏感性分析研究 ［J］. 水利学报，2015，46（6）：714 - 722.

[64] 郄志红，王育新. 一种基于人工神经网络的水库水温分层模式判别方法 ［J］. 农业工程学报，1999（3）：204 - 208.

[65] 李兰，李亚农，袁旦红，等. 梯级水电工程水温累积影响预测方法探讨 ［J］. 中国农村水利水电，2008（6）：86 - 90.

[66] 代荣霞，李兰，李允鲁. 水温综合模型在漫湾水库水温计算中的应用 ［J］. 人民长江，2008（16）：25 - 26.

[67] 柳海涛，孙双科，郑铁刚，等. 水电站下游鱼类产卵场水温的人工神经网络预报模型 ［J］. 农业工程学报，2018，34（4）：185 - 191.

[68] 张士杰，彭文启. 二滩水库水温结构及其影响因素研究 ［J］. 水利学报，2009（10）：105 - 109.

[69] 张大发. 水库水温分析及估算 ［J］. 水文，1984（1）：21 - 29.

[70] 李西京，张瑞佟. 水库水温垂向分层模型及黑河水库水温预测 ［J］. 西北水电，1994（3）：32 - 36.

[71] 李嘉，邓云，卢红伟，等. 水电站下泄水温计算方法 ［C］. 北京：水利水电建设项目环境与水生生态保护技术政策研讨会，2005：155 - 176.

[72] 戴凌全，戴会超，毛劲乔，等. 河道型水库立面二维水温结构数值模

拟 [J]. 排灌机械工程学报，2015 (10)：859 - 865.

[73] 刘兰芬. 河流水电开发的环境效益及主要环境问题研究 [J]. 水利学报，2002 (8)：123 - 130.

[74] 范晓艳，周孝德，李林. 水库运行方式改变对水温的影响 [J]. 水资源与水工程学报，2010，21 (3)：152 - 155.

[75] 唐旺，周孝德，袁博. 不同类型水库对库区及河道水温的影响 [J]. 水土保持通报，2014，34 (6)：184 - 188.

[76] JOZEFOWICZ R，ZAREMBA W，SUTSKEVER I. An Empirical Exploration of Recurrent Network Architectures [C]. In：Proceedingsof the 32nd International Conference on Machine Learning. Lille，France：JMLR，2015：2342 - 2350

[77] GRAVES A. Long short - term memory [M]. Berlin：Springer Berlin Heidelberg，2012：1735 - 1780.

[78] GERS F，SCHMIDHUBER J，CUMMINS F. Learning to forget：continual prediction with LSTM [J]. Neural Computation，2000，12 (10)：2451 - 2471.

[79] CHUNG J，GULCEHRE C，CHO K，et al. Empirical Evaluation of Gated Recurrent Neural Networks on Sequence Modeling [EB]，2004. http：// Arxiv. org/abs/ 1412. 3555.

[80] JAMES S，ZHANG Y，DONNCHA F. A machine learning framework to forecast wave conditions [J]. Coastal Engineering，2018，137：1 - 10.

[81] SHAW A，SAWYER H，LEBOEUF E，et al. Hydropower Optimization Using Artificial Neural Network Surrogate Models of a High - Fidelity Hydrodynamics and Water Quality Model [J]. Water resources research，2017，53 (11)：9444 - 9461.

[82] GALPERIN B，KANTHA L，HASSID S，et al. A quasi - equilibrium turbulent energy model for geophysical flows [J]. Journal of the Atmospheric Sciences，1988，45 (1)：55 - 62.

[83] 龙良红，徐慧，鲍正风，等. 溪洛渡水库水温时空特性研究 [J]. 水力发电学报，2018，37 (4)：79 - 89.

[84] 龙良红，徐慧，纪道斌，等. 向家坝水库水温时空特征及其成因分析 [J]. 长江流域资源与环境，2017 (5)：93 - 101.

[85] 杨颜菁，邓云，薛文豪，等. 锦屏 I 级水电站主-支库耦合的水温及水动力特性研究 [J]. 工程科学与技术，2018，50 (5)：98－105.

[86] 邓凤欣. LSTM 神经网络在股票价格趋势预测上的应用——基于中国股票数据的研究 [D]. 广州：广东外语外贸大学，2018.

[87] 彭燕，刘宇红，张荣芬. 基于 LSTM 的股票价格预测建模与分析 [J]. 计算机工程与应用，2019，55 (11)：209－212.

[88] YASEEN Z，EL－SHAFIE A，JAAFAR O，et al. Artificial intelligence based models for stream－flow forecasting：2000－2015 [J]. Journal of Hydrology，2015，530：829－844.

[89] YANG T，ASANJAN A，WELLES E，et al. Developing reservoir monthly inflow forecasts using artificial intelligence and climate phenomenon information [J]. Water Resources Research，2017，53 (4)：2786－2812.

[90] AMARI S，WU S. Improving support vector machine classifiers by modifying kernel functions [J]. Neural Networks the Official Journal of the International Neural Network Society，1999，12 (6)，783－789.

[91] ASEFA T，KEMBLOWSKI M，MCKEE M，et al. Multi－time scale stream flow predictions：the support vector machines approach [J]. Journal of Hydrology，2006，318 (1－4)：7－16.

[92] LIN H. T.，LIN C. J. A Study on Sigmoid Kernels for SVM and the Training of non－PSD Kernels by SMO－type Methods. Submitted to Neural Computation，2005，27 (1)：15－23.

[93] 齐林海，陈倩，潘爱强，等. 基于 LSTM 的电压暂降扰动分类方法 [P]. 中国专利：CN109766853A，2019－05－17.

[94] YAO X. Evolving artificial neural networks [J]. Proceeding of the IEEE，1999，87 (9)：1423－1447.

[95] LIPPMANN，R. An introduction to computing with neural nets [J]. IEEE Acoustics Speech ℰ Signal Processing Magazine，1988，16 (2)：4－22.

[96] CHEN C. A rapid supervised learning neural network for function interpolation and approximation [J]. IEEE Transactions on Neural Networks，1996，7 (5)：1220－1230.

[97] MOODY J，ANTSAKLIS P. The dependence identification neural

network construction algorithm [J]. IEEE Transactions on Neural Networks, 2007, 7 (1): 3 - 15.

[98] 周阳. 基于 LSTM 模型的上证综指价格预测研究 [D]. 南京: 南京邮电大学, 2019.

[99] 吴江, 吴明森. 金沙江的鱼类区系 [J]. 四川动物, 1990 (3): 23 - 26.

[100] 梅朋森, 王力, 韩京成, 等. 水电开发对雅砻江流域生态环境的影响 [J]. 三峡大学学报 (自然科学版), 2009, 31 (2): 8 - 12.

[101] 龚达荣, 李光华, 董书春, 等. 短须裂腹鱼幼鱼耗氧率和临界窒息点的测定 [J]. 水产科技情报, 2018, 45 (1): 36 - 39, 47.

[102] 刘阳, 朱挺兵, 吴兴兵, 等. 短须裂腹鱼胚胎及早期仔鱼发育观察 [J]. 水产科学, 2015 (11): 683 - 689.

[103] SAATY T. The Analytic Hierarchy Process [M]. McGraw - Hill, New York, 1980.

[104] 许树柏. 层次分析法原理 [M]. 天津: 天津大学出版社, 1998.

[105] 时天富, 曾杰, 陈向东. 锦屏一级水电站水轮机参数选择 [J]. 低碳世界, 2015, 28: 132 - 133.

Abstract

Focusing on the technical bottlenecks of the lack of scientific guidance tools in practical operation of stratified water intake facilities, relying on the rapid development of information and data science in recent years, this book explores the establishment of a rapid prediction model of reservoir outflow temperature by integrating the advantages of traditional numerical simulation models and emerging artificial intelligence algorithms, studies the operation effect evaluation and optimization technology of stratified water intake facilities. This book introduces the construction and operation of stratified water intake facilities in large reservoirs, expounds the AI optimization theory and methods of stratified water intake facilities, and takes Jinping I Reservoir as an example to discuss the effectiveness of the AI models in the practical operation of stratified water intake facilities.

This book can be used as a reference book for those are engaged in scientific research of water engineering management, water ecological environmental protection, and can also be used as a reference book for teachers and students of relevant professional universities.

Contents

Preface

Chapter 1   Introduction ·· 1
  1. 1   Background and Significance ···························· 1
  1. 2   Research status on domestically and abroad ············ 4
    1. 2. 1   Mitigation measures for adverse water
           temperature impact ···························· 4
    1. 2. 2   Construction and operation of stratified water
           intake facilities ······························ 6
    1. 2. 3   Study on operation method of stratified water
           intake facilities ······························ 7
    1. 2. 4   Problems existing in operation of stratified
           water intake facilities ······················· 10
  1. 3   Theoretical framework of AI optimal regulation of water
     temperature ··· 11
  1. 4   Main contents and innovation for the book ············ 12
    1. 4. 1   Contents ···································· 12
    1. 4. 2   Innovation ································· 12

**Chapter 2   Framework design of AI reservoir outflow temperature
           prediction model** ································· 14
  2. 1   AI Conceptual model of outflow temperature
     prediction ·· 14
  2. 2   AI Algorithms ·· 17
    2. 2. 1   SVR algorithm ····························· 17
    2. 2. 2   BP algorithm ······························· 19
    2. 2. 3   RNN and derivative algorithms ·············· 21
  2. 3   AI outflow temperature prediction program based on
     Python ··· 24
    2. 3. 1   Data pre – processing module ··············· 24
    2. 3. 2   AI outflow temperature prediction module ····· 25

2. 3. 3　Data post – processing module ·················· 27

2. 3. 4　Other functional modules ······················· 27

2. 4　Chapter summary ·· 28

Chapter 3　AI model training data set construction ············· 29

3. 1　AI model training data set construction method ········· 29

3. 2　EFDC model ··· 32

3. 2. 1　EFDC model introduction ······················ 32

3. 2. 2　EFDC model governing equations ·············· 32

3. 3　Jinping – I Reservoir ·· 34

3. 3. 1　Basic information ······························· 34

3. 3. 2　Operation rules for stratified water intake

facilities ·· 35

3. 4　EFDC Model Construction ·································· 36

3. 4. 1　Modeling Data ·································· 37

3. 4. 2　Parameter sensitivity analysis and setting

scheme ·· 42

3. 5　EFDC model verification ···································· 47

3. 5. 1　Comparison between observed water temperature

and simulated water temperature ················· 47

3. 5. 2　Spatial and temporal variation of water

temperature distribution in reservoir ··········· 47

3. 6　Training data sets for AI models ························· 55

3. 7　Chapter summary ·· 66

Chapter 4　Application of AI reservoir outflow temperature

prediction model ······································· 68

4. 1　Construction of reservoir outflow temperature prediction

model based on AI algorithm ································ 68

4. 1. 1　Modeling data requirement ···················· 68

4. 1. 2　Selection of model accuracy evaluation

index ··· 68

4. 1. 3　Secondary selection of input factors ············ 69

4. 1. 4　Optimization of SVR model parameters ········· 79

4. 1. 5　Optimization of neural network model

parameters ·· 81

4. 2　Study on the applicability of AI models under various

stoplog scheduling modes ···································· 92

    4. 2. 1   Analysis of prediction results of simulated water
            temperature ·· 92

    4. 2. 2   Analysis of prediction results of observed water
            temperature ·· 132

4. 3   Chapter summary ······································ 139

**Chapter 5   Evaluation system of operation effect of reservoir
           stratified water intake facilities** ·················· 141

5. 1   Framework of evaluation index system ··············· 141

    5. 1. 1   Selection of evaluation index ··················· 141

    5. 1. 2   Hierarchy structure of evaluation index system
            ··· 142

5. 2   Calculation method and scoring standard of each
    evaluation index ··· 143

    5. 2. 1   Calculation method of each evaluation index
            ··· 143

    5. 2. 2   Scoring standard of each evaluation index ······ 145

5. 3   Weight of evaluation index ··························· 146

    5. 3. 1   Weight determination method ················· 146

    5. 3. 2   Weighting of each evaluation index ··········· 148

5. 4   Comprehensive evaluation ···························· 150

5. 5   Chapter summary ······································ 150

**Chapter 6   Optimization of operation scheme of reservoir stratified
           water intake facilities** ······························ 152

6. 1   Operation scheme design of stratified water intake
    facilities ··· 152

6. 2   Evaluation of the effect of stratified water intake in
    different operation schemes ··························· 154

    6. 2. 1   The increases outflow temperature ············ 154

    6. 2. 2   The closeness between outflow temperature and
            historical water temperature ················· 158

    6. 2. 3   Suitability of outflow temperature for
            Schizothorax dolichonema ··················· 163

    6. 2. 4   Suitability of outflow temperature for
            Schizothorax wangchiachii Fang ··········· 167

    6. 2. 5   Suitability of outflow temperature for
            Schizothorax chongi ························ 171

    6. 2. 6   Suitability of outflow temperature for
               Percocypris pingi ·· 175

    6. 2. 7   Comprehensive score   ··························· 178

6. 3   Tradeoff of ecological effect and power generation of
    stratified water intake facilities ·························· 182

6. 4   Recommended operating scheme for stratified water
    intake facilities ··· 184

    6. 4. 1   Suggestions on operating scheme of stratified
               water intake facilities in high flow year ········· 184

    6. 4. 2   Suggestions on operating scheme of stratified
               water intake facilities in normal flow year ······ 184

    6. 4. 3   Suggestions on operating scheme of stratified
               water intake facilities in low flow year ········· 185

6. 5   Chapter summary   ··································· 186

Chapter 7   Conclusions and Outlooks ···················· 187

7. 1   Main research results ···································· 187

7. 2   Outlooks ·· 188

References ··· 190

"水科学博士文库" 编后语

水科学博士是活跃在我国水利水电建设事业中的一支重要力量，是从事水利水电工作的专家群体，他们代表着水利水电科学最前沿领域的学术创新"新生代"。为充分挖掘行业内的学术资源，系统归纳和总结水科学博士科研成果，服务和传播水电科技，我们发起并组织了"水科学博士文库"的选题策划和出版。

"水科学博士文库"以系统地总结和反映水科学最新成果，追踪水科学学科前沿为主旨，既面向各高等院校和研究院，也辐射水利水电建设一线单位，着重展示国内外水利水电建设领域高端的学术和科研成果。

"水科学博士文库"以水利水电建设领域的博士的专著为主。所有获得博士学位和正在攻读博士学位的在水利及相关领域从事科研、教学、规划、设计、施工和管理等工作的科技人员，其学术研究成果和实践创新成果均可纳入文库出版范畴，包括优秀博士论文和结合新近研究成果所撰写的专著以及部分反映国外最新科技成果的译著。获得省、国家优秀博士论文奖和推荐奖的博士论文优先纳入出版计划，择优申报国家出版奖项，并积极向国外输出版权。

我们期待从事水科学事业的博士们积极参与、踊跃投稿（微信号：13141234472），共同将"水科学博士文库"打造成一个展示高端学术和科研成果的平台。

中国水利水电出版社
水利水电出版事业部
2022 年 8 月